旧与新

旧与新

既有建筑改造设计手册

[德]弗兰克·彼得·耶格尔　编著

黄　琪　译

中国建筑工业出版社

著作权合同登记图字：01-2014-568号

图书在版编目（CIP）数据

旧与新——既有建筑改造设计手册／（德）弗兰克·彼得·耶格尔编著；黄琪译．—北京：中国建筑工业出版社，2016.12
　　ISBN 978-7-112-20295-9

　　Ⅰ．①旧…　Ⅱ．①弗…　②黄…　Ⅲ．①旧建筑物-旧房改造-建筑设计-手册　Ⅳ．①TU746.3-62

中国版本图书馆CIP数据核字（2017）第010851号

责任编辑：孙书妍　率　琦
责任校对：焦　乐　姜小莲

OLD & NEW
Design Manual for Revitalizing Existing Buildings
(2nd edition, revised and expanded)
Frank Peter Jäger (ed.)
ISBN 978-3-0346-0525-0
© 2010 Birkhäuser Verlag GmbH, Allschwilerstrasse 10, 4055 Basel, Switzerland Part of De Gruyter

旧与新——既有建筑改造设计手册
[德] 弗兰克·彼得·耶格尔　编著
黄　琪　译
＊
中国建筑工业出版社出版、发行（北京海淀三里河路9号）
各地新华书店、建筑书店经销
北京锋尚制版有限公司制版
北京方嘉彩色印刷有限责任公司印刷
＊
开本：880×1230毫米　1/16　印张：12　字数：499千字
2017年10月第一版　2017年10月第一次印刷
定价：98.00元
ISBN 978-7-112-20295-9
　　　　（29611）
版权所有　翻印必究
如有印装质量问题，可寄本社退换
（邮政编码100037）

加法

变形

转换

地点

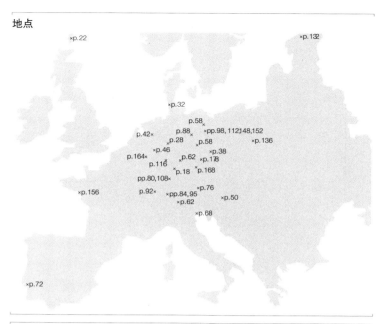

建造成本
总计3.2亿欧元

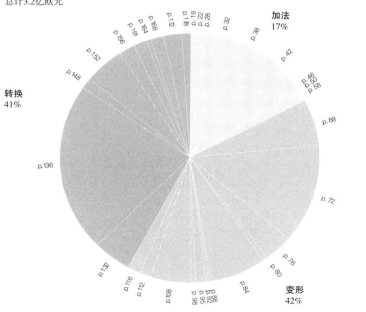

类型

新旧纪元的对话

20世纪的建筑师都倾向于新建筑的设计任务，只有少数先驱者发现历史
建筑与现代建筑交织的魅力，今天这些先驱者的工作已经结出硕果；既有建
筑的改造设计经过长期发展已经形成一个独立的建筑类型。

——弗兰克·彼得·耶格尔（FRANK PETER JÄGER）

很长一段时间以来，既有建筑的改造设计有三方面的基本原因：首先是新建筑建设费用太高，或者被认为不值得投资，旧建筑还要继续使用；其二，旧建筑具有标志性地位不能被拆除，但可以融入新的发展；第三种情况对既有结构进行改造以替代拆除它，是因为既有建筑吸引人的土地利用率对建新建筑是不允许的。第一种原因自人类有建造活动以来就存在，另外两种原因则是标志性建筑保护条例和现代规划法出现的结果。

为什么要对既有建筑进行改造设计？

除了上述原因，关于建筑的综合价值还有两个缘由在起作用。在现代标志性建筑保护条例形成之前，有些建筑被认为是神圣不可侵犯的，比如著名人物的出生地、与圣人活动相关的场地，以及具有宗教或者政治象征意义的场地。政治象征性应该是作为既有建筑改造设计被提及的最后一条，几乎被遗忘的理由：当位于今天科隆圣玛利亚·尹·卡皮托大教堂（St. Maria im Kapitol）前的建筑在公元690年兴建时，地址就选在罗马

如果建筑可以说话，它绝不会是一种声音，建筑更像是合唱团而非独奏者。

——阿兰·德博顿（Alain de Botton）[1]

卡皮托利蒙（Capitolium）的砖石基础上，这是一座献给罗马三神（天神朱庇特、朱诺和智慧女神米涅瓦尔）的教堂。[2]当一神教在整个欧洲取代多神教，这个基地，正如我们今天所说的，被"重新占领"了。

从历史的角度来看，我们同既有建造结构的关系在不断发展变化：因为可行性和经济的原因，从古典时期以来的两千年里，既有建筑的改造设计已经成为一种普遍情况，却在19世纪到20世纪末跨入现代主义门槛时期急速减少，拆旧建新一度变得近乎普遍。现在这种情况从根本上发生改变，首先在中欧，约三分之二的建筑活动现在都发生在既有结构里。[3]德语系国家及周边一些国家在该领域起先锋作用的一个原因，是在20世纪下半叶对政府的标志性建筑保护开展较早。

当地社区文化古迹如果想在活跃的建设活动中维持它的影响力，就不能仅仅维持现状而不做改变。其中一个最重要的任务就是给建筑师和客

图1 维罗纳（Verona）城堡的墙门被卡洛·斯卡尔帕（Carlo Soarpa）改造成一个博物馆

户提供用于处理有历史价值的建筑及群落的可靠的法律文件：一个需要转换的工业建筑应该被整体保留还是局部保留？当进行改动时能否允许模糊新与旧边界的处理？换而言之，一个旧粮仓由于随后改造而引起的窗户扩建，是否需要清楚地让所有人都看见？如果是，那新与旧相交的部分该如何处理？最后是关于建筑各种加建物的原真性问题：常常需要决定把一个建筑物恢复到几个不同历史组合的状态。

自由落体的烟囱

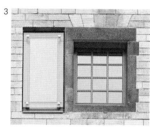

不考虑上述这些问题，就不可能有责任地干预标志性建筑。无论在哪里进行有建设性和开放性的对话，建筑师都不要把标志性建筑保护机构设置的条件作为一种限制条件来解释，而要把它作为设计和规划的指导。标志性建筑保护机构的观点，即便是基于可操作层面上的基本原则，也并不总是可以理解的，有时受到强烈的个人决策的主观影响，这在建筑师们的讨论中经常提及[11页]。另一方面，也会经常讨论到一些建筑案例，虽然它们不是标志性建筑，却被建筑师积极倡导。今天每一位建筑师都需要决定，除了标志性建筑保护机构的评估之外，哪些既有建筑附属的价值可以服务于当前目的，因为标志性建筑保护机构的标准认为一个建筑的价值在于它对历史的见证，但从一个思想开明的观察者角度来看，这种价值并不是建筑提供的全部可能。

新与旧雄心勃勃的组合实际上创立于20世纪五六十年代，但与本书介绍的既有实例相比，这

种对待过去的观点在当时是被质疑的：在战争中遭到轰炸的法兰克福圣保罗教堂[4]或柏林国会大厦[5]的重建过程中，用仅剩的几片外墙来庆祝历史保护的重大壮举，尽管在这些和许多其他建筑中，更多的物质实体本来是可以被保留下来的。并且这些项目几乎无一例外都是具有宗教和象征意义的建筑物。而在进入20世纪80年代之前，废弃的工业和交通运输结构几乎没有机会保存下来。当我还是个孩子时，报纸上常常印刷有水塔被炸毁或工厂烟囱自由塌落的照片。[6]即使在那时，我也无

法理解为什么一直宣称除了拆除这些极好的产业结构以外就别无他法。像水塔、筒仓、信号塔和仓库这样的建筑，尽管最初是完全为了特定功能而修建，也有可能被很好地改造成完全不同的用途，但在30年前，没人能够或者愿意相信。这些产业结构的保护受到阻碍，不是由于它们的结构条件，而是因为当时社会缺乏对此类建筑的审美欣赏。

新与旧的对话

在很多项目中，决定保护既有建筑似乎是建筑师对被蹂躏的残余结构的一种仁慈行为：在对柏林布赖特沙伊德广场（Breitscheidplatz）进行重新设计时，埃贡·艾尔曼（Egon Eiermann）注意到只留下被烧坏的威廉皇帝纪念教堂的残塔，而周围的一切，整个街区的公寓楼都被清理掉。就像战争的超大战利品，法兰克福、科隆、慕尼黑的建筑物都从它们周围的城市整体肌理中被撕裂出来，纵然邻近的建筑物本来是有可能被重建的。过去人们仅仅出于单纯的好奇，对旧的部件进行分离和提升，并不认为它们是新整体的合理部分。直到很多欧洲建筑师看到威尼斯建筑

图2　被一枚炸弹炸出裂口的慕尼黑旧绘画陈列馆，由汉斯·德尔加斯特（Hans Döllgast）以保留可读性的方式进行修复

图3　为了把科隆海滨11号仓库改造成住宅及办公楼，JSWD建筑事务所的建筑师在既有窗口旁边插入新的窗户

图4　位于莱茵港畔开发区仓库前，经过修复的正门

图5　从水塔到住宅楼：位于荷兰苏斯特（Soest）的一个项目，由荷兰Zecc建筑事务所设计

师卡洛·斯卡尔帕（Carlo Scarpa）在意大利北部修建的项目时，他们才开始猜测到底什么是新与旧的真正对话。自20世纪40年代后期，斯卡尔帕以一系列博物馆建筑设计，如在维罗纳卡斯泰尔韦（Castelvecchio）的修复改造以及其他标志性建筑的改造工作，引起人们关注。[7]斯卡尔帕处理建筑细部非常严谨细腻，他对于清水混凝土或精致铜条与砖、大理石、水磨石、橡木横梁的组合，以及在意大利北部宫殿对其他材料的传统运用自然而优雅并重——尤其是他那种与现存位置微妙处理方式的开创性，影响了整整一代建筑师。在德国参与慕尼黑重建的汉斯·德尔加斯特[8]，以及稍晚的卡尔·约瑟夫·沙特纳[9]（Karl-josef Schattner）都曾持有相似的立场，但却有着与完全不同的结果。

这些先驱的工作已见成效，被广为传播并逐渐成为一种建筑立场：当建筑师和客户决定将旧建筑的部分整合进新建筑，不是出于标志性建筑物保护的要求，而是因为他们认为，新的实体将受益于这样一种建筑的功能优势、存在与历史的痕迹。重要的是场所精神和建筑代表的历史时期，即使它没有创造历史本身。

当代的加法做法增强既有建筑的物质实体。在一个建筑里镌刻另一个建筑时代和另一个建筑师风格特征的做法，赋予该建筑一个新的诠释。

地球上的考古

首先从容不迫地欣赏既有建筑，然后从理论的角度考虑新建筑是否可以取代既有建筑[12页]的优点，布吕克纳（Bruchner）兄弟的这种方法涉及对遗产的尊重以及他们训练有素的观察力的重要性。从某种意义上说，这些观察力源于对破旧的、结构重塑的建筑几乎难以察觉的品质的感知能力，换句话说，源于能够识别和分析既有建筑的潜能。在这种情况下，建筑师的工作有点类似于在地球表面进行考古研究。

没有哪种既有建筑的改造设计像住宅建筑一样，涉及社会和社会政治方面如此明显。20世纪60年代和70年代中期经济繁荣时期的住宅——尤其是家庭住宅和多层公寓楼，其功能分区明确，厨房和浴室等辅助用房面积经济实用，与开敞空间布局理念和今天对空间的需求不一致。通过修改建筑平面图、增加楼层或扩建，这一时期的建筑以一种全新、长远的方式得以提升。

每一个既有结构融入新建筑的实例，每一次对既有建筑适合的扩建或翻修都实现了可持续性。生态意义首先在于轻松地满足使用目的的已有资产，可以尽可能长时间地使用。因此，它本质上是一个节俭、谨慎的经济管理的简单方式。除了通过翻新建筑提高能效来实现生态效益，既有建筑的改造在原材料和能源方面的节约，而不用建造新东西的做法，也不应该被遗忘。

尽管本书后面章节展示了许多新老建筑结合的成功案例，不应掩盖的事实是，从国际范围来看，对既有建筑负责任的处理远未达成一个牢固共享的概念。以中国为例，20世纪90年代初经济开放初期，大量历史建筑被夷为平地，其程度几乎让西方观察家窒息。在阿拉伯世界，在中美洲和南美洲，对当地建筑传统价值的认识才刚刚开始扎根。即使在北美，既有建筑改造的有趣例子尚不多见。[10]欧洲人也没有理由因此而自满，因为在斯图加特或维也纳，当建筑保护受到有形经济利益反对时，即便是标志性建筑也好不到哪里去。

在这样的背景下，本书的设想是为了鼓励和启发来自大西洋两边的建筑师——现场去判断，既有建筑结构巧妙结合的机会，即使这样做可能会要求他们非常具有说服力。本次评选提供丰富多样的项目，证明结果是值得努力的；大多数项目来自小型工作室的设计工作；他们中的许多预算都非常有限。

图6　大卫·奇普菲尔德新博物馆（David Chipperfield's New Museum）的历史痕迹：在粗糙砖墙和黑灰柱子之间白色亚光的骨料混凝土楼梯

图7　位于顶部的当代加建：安装在一所20世纪70年代房子上的细长的住宅栏杆——汪戴尔·霍费尔·洛尔希（Wandel Hofer Lorch）建筑事务所的项目

图8　哈默尔恩（Hameln）的房子+（Haus+）：建筑师安妮·门克（Anne Menke）用现代的方式改造她父母的房子

项目

本书项目选择的主要标准是建筑改造设计的质量以及独创性。从这方面来说，与"场所"成功地发生多层次联系，是一个考虑因素，另一个考虑因素则是既有结构的处理在概念上是否成熟。根据这些相当抽象的标准，最终令人惊讶的是，在项目最后选择上发现一个共同的主题，而该主题并非选择标准之一：相当数量的建筑物具有社会政治背景；在这种情况下，改造后的新建筑是对那些被贬值或者闲置的场所重新扶持的积极表达。这也是再城市化的表现。在荷兰的恩斯赫德（Enschede）小镇，几年前爆炸被毁的工厂通过适应性再利用赋予整个地区一个新的身份[42页]。在罗兹、塔林和勃兰登堡的维尔道，废弃工业建筑的巨大空壳再次拥有新的形象，成为日常生活的一部分。它们现在用于教育、住宅，或者旅游目的，也象征着20年的持续转变过程结束时社会新发现的自信。在各方面都非常突出的一个例子是SALB-KE的"书签"（露天图书馆），因为它展示了如何通过最小的努力实现最大的效果[88页]。

圣纳泽尔（Saint Nazaire）在德国海军占领期建造的潜艇掩体，数十年一直空在海港没有用途：没有什么比这个巨大障碍更能遮挡面向大海的视线，不断提醒着人们第二次世界大战。当柏林建筑公司将文化用途引进这个混凝土庞然大物的一部分时，情况才发生改变，这样做引发周边港区环境的改善[156页]。卡塞尔（Kassel）军械库残缺的机体重新恢复活力的事实，就是一个很好的例子，证明有时迟来的

改造项目，即便经历几次失败的尝试，最终也能实现一个特别有说服力的结果[28页]。

施韦因富特图书馆[172页]不是唯一一个精心解决好新旧对抗关系，传递审美愉悦的设计项目。它与现代艺术的亲和性显而易见：历史遗迹插入新建筑就像组合而成的艺术品，传递一种清晰可见的融合拼贴、解构和空间层次感的热情。

另一方面，结果并不总是以一个艺术作品的身份出现。这些项目首先考虑实际使用目的，由于资金有限，所以在建筑杂志上不会出现那么频繁，但它们构成建筑活动的主体：扩展至工业建筑、展览馆、学校，以及不能被遗忘的大量既有建筑的广阔领域。苏黎世的赫瑞德住宅区[84页]和柏林的布卢门小学[98页]表明，即便是建筑围护结构改造这么一个简单技术，通过仔细实施也可以赋予整个建筑完全不同的性格特征。

对待斯图加特KII大楼[108页]和前美国驻法兰克福的领事馆两个现代经典，建筑师们自觉放弃了他们自己关注的重点，完全集中于技术设备的翻新。

在法兰克福的维尔茨堡（Wurzburg）市，几百个之前完成的铝板，由一个简单的钢结构支撑罩在发电厂外，从远处看上去闪闪发光，效果惊人[18页]。

既有建筑的改造设计对那些缺乏自信的建筑师而言，不应是一种约束。那些认为尊重原有建筑会阻碍建筑师在城市既有结构中发挥创造性设计的人，当看到维尔茨堡热电厂改建后，很可能会改变他们的想法。

1. de Botton, Alain: *The Architecture of Happiness*，纽约2006年，第208页。

2. 如今可见的罗马式建筑是1065年完工的。

3. 在过去20年间，既有建筑改造设计比例持续改变，例如在德国，1997年新建建筑占市场份额的53.7%，既有建筑改造占市场份额的46.3%，从那以后比例就不断改变，例如在2007年住宅建筑中，既有建筑物所采取的措施，已占所有工程的74%。资料来源：DIW（ed.）: *Strukturdaten zur Produktion und Beschäftigung im Baugewerbe*. Berlin 2007. and: *Nachhaltiges Bauen im Bestand*, workshop documentation of the Federal Ministry of Education and Research, Berlin 2002。

4. 圣保罗教堂，法兰克福最早的建筑之一，第二次世界大战后在设计师鲁道夫·施瓦茨（Rudolf Schwarz）指导下重建。

5. 负责重建的建筑师保罗·鲍姆加滕（Paul Baumgarten），1900年出生于蒂尔西特（Tilsit）。

6. "贝歇尔学校"的创始人贝恩德（Bernd）和希拉贝歇尔（Hilla Becher），开着他们的VW（德国大众汽车公司）车穿越整个欧洲的那些日子里，从威尔士到法国北部，到处给水塔、鼓风炉和采矿坑口拍照，从那以后这些东西大部分都消失了。

7. 参考包括Los, Sergio: *Scarpa*, Cologne 2009。

8. 德尔加斯特，20世纪20年代以来主要为教堂机构建造。设计众多在战争中遭到破坏的标志性建筑的重建，尤其是在德国慕尼黑。被炸弹击中受损的老绘画陈列馆的"创意保护"，是他众多作品中最著名的一个。参见TU München（ed.）: *Hans Döllgast 1891 - 1974*, Munich 1987。

9. 参考文献包含：Zahner, Walter: *Bauherr Kirche—Der Architekt Karljosef Schattner*, Munich 2009; Pehnt, Wolfgang: *Karljosef Schattner—ein Architekt aus Eichstätt*, Ostfildern 1988 / 1999。

10. 例如，一个更广为传播的项目是纽约的高线公园，切尔西（Chelsea）的老高架铁路公路赛道由建筑师迪勒·斯科菲迪欧·伦弗欧（Diller Scofidio + Renfro）和景观建筑师菲尔德·奥佩拉蒂翁（Field Operations）转换成一个城市公园。进一步的信息来源：www.thehighline.org。

"历史馈赠的礼物"

什么让既有建筑的改造设计赋有挑战性，既有建筑改造设计如何才能在经济上取得成功，它的特殊吸引力是什么？克劳迪娅·迈克斯纳（Claudia Meixner）和弗洛里安·施吕特尔（Florian Schlüter）（迈克斯纳·施吕特尔·温特建筑师事务所）把这些问题作为与彼得和克里斯蒂安·布吕克纳（Peter and Christian Brückner）（布吕克纳和布吕克纳建筑师事务所）交谈的主要内容。

专访：弗兰克·彼得·耶格尔

弗兰克·彼得·耶格尔：请您简要介绍一下既有建筑的改造和扩建——您的第一个步骤是什么？

克里斯蒂安·布吕克纳：不要受手头任务的影响，你要首先观察一下建筑和它的位置，换句话说，就是不受预期空间方案和客户想法的影响，看看你最终能在那里发现什么。我们一直在找寻历史建筑物的划痕并探索空间。这也是我们对建筑的理解：你可以做一个很好的当代设计——但你不能构造历史。一个有吸引力、多层次的既有建筑就像是来自过去的礼物。为了以一种令人信服的形式增加新的东西，它需要有开放的思想、想象力和敏锐性。这就是新与旧之间复杂多样的对话，要么新旧相互融合，要么相互对立。

弗兰克·彼得·耶格尔：与既有建筑的对话是什么样子的？

克里斯蒂安·布吕克纳：事实上，最生态化的立场是在建造时使用已经存在的东西；没有比这种做法更具可持续性。对既有结构的创新改造是令人兴奋的，但在规划过程中可能导致巨大的复杂性。有些情况，你必须明确而全面地干预一个既有建筑，否则就可能无法澄清，比如说无法解释清楚随着时间推移对建筑进行改动的连贯性。通常，结构经过几十年不断地改造，其可读性已经完全改变。

在分析阶段，必须获得一个明确的观点：什么价值在这里必须被保留，什么应该被整合，而什么又是不需要的？这是这种检查的目的。

弗洛里安·施吕特尔：对我们来说，关键问题是我们遇见的场地和接受的任务。让周围环境以有形和无形的影响力发挥作用是件好事。一个场地的具体特征可能比任何一个该场地上建筑对我们项目的影响更大。因此认为既有老建筑是孤立的这种看法是肤浅的。作为一个基本原则，我们必须问自己，这些影响到底从何而来，比如，是从地形还是从一棵大树，或者是从既有建筑物。归根结底是那些与场地做出反应的东西。

弗兰克·彼得·耶格尔：你用什么标准来决定如何全面而彻底地干预既有结构？

克劳迪娅·迈克斯纳：标准视不同情况而定。通常情况下，你不能把建筑从它的直接背景中分离出来。否则对其优势和缺陷的分析就不符合要求。我们遇到几次这样的情况，建筑建立在已经失去意义的场地。也就是说原来的特征消失了，因为在很长一段时间里都没有被意识到。当我们强化和恢复这些场地的特征时，我们也强化整个城市结构。干预程度的决定取决于该建筑在文脉背景下的特征和影响。这就产生一个问题：到底要强化什么？是否有值得恢复的特征，它们还剩下什么？

彼得·布吕克纳：当你第一次进入这样的房子，你会发现这种氛围非常重要。我们喜欢花时间去探索需要改造的建筑物，在房间里四处漫步。最好独自去做。没有什么可以分心。允许建筑发挥它的影响力——每一个老建筑，里面的每个空间都会对任何一个徘徊其中的人产生一些影响。理解这种空间的知觉、氛围、可见的历史痕迹、过去使用的证据、光和材料的混合物很难，明确去表达它更难。如果我们不再觉得这些元素之间的互动具有特殊能力，我们就会变得谨慎。我们就会思考是否在拆除过程中引入新的东西比已经存在的更好。

弗兰克·彼得·耶格尔：那节省成本的说法怎么样？既有建筑的改造设计真的比新的建设成本低吗？

克里斯蒂安·布吕克纳：这种通用的论点是有问题的，建设成本在很大程度上取决于既有建筑的条件和那些需要被整合在一起的东西。既有建筑的改造设计有时也可能比新建更贵。但是，在我们的项目中，保留既有结构总是对客户有好处。

克劳迪娅·迈克斯纳：也许我们对法兰克福多恩布施（Dornbusch）教堂的重建就是一个很好的例子。我们最初认为要完全拆除教堂，在庭院里修一个小教堂作为替代。但是事实证明，保留现有教堂圣所实际上更有利。不仅更便宜，而且提供一个潜在的认同感，这对教会团体非常重要。

弗兰克·彼得·耶格尔：这个建筑理想化的价值成为它被保护的理由？

克劳迪娅·迈克斯纳：是的。在1960年左右建造的时候，教堂能容纳500~600人。现在每逢星期天会众的人数已经减少到大约30人。雨水通过顶棚滴落，所以在祭坛旁边有一个水桶。教会当局宣布拆除教堂，消息一经媒体传播，引起公众的愤怒。然后我们开始研究应该做什么。通过我们调查的情况，局部保留是最好的解决方案。在讨论过程中，我们对既有建筑的改造设计对教友多么重要变得越来越明显。他们中有些人就是在那里受洗。该建筑拥有太多的回忆。通过我们部分拆除形成一种类似强化的结果：这个地方和它的记忆被集中，统一在以前的这个圣殿内。例如，作为重建的一部分，我们整合了彩色玻璃窗。很多人以为窗户是新的；但它其实来自古老的教堂，只是以前很少受到关注。在较小的新教堂里，它突然主导整个空间。

弗洛里安·施吕特尔：在多恩布施教堂，我们彻底地改变既有环境。当你进入教堂，你能感觉到有事情已经发生。但是什么是旧的，什么是

图1　重建后的法兰克福多恩布施教堂：以前的圣殿现在是新的教堂室内。中殿已被拆除

图2　位于被拆掉的中殿地基上的公共户外空间和"游乐场地"

新的，并不能明显区分开来。新与旧已然融合在一起。

弗兰克·彼得·耶格尔：你的一些项目展现出一种具有艺术概念的亲和力……

弗洛里安·施吕特尔：是的。就像沃尔法特–莱恩马纳房子，这个老建筑矗立在那里如同一个新外壳里的现成物。无论怎么看可识别性都很高。房子的大部分依然存在；我们把它分离出来，赋予它一个新的背景文脉来强化已经存在的本质。其实这就是对事物的感知与反思，换句话说就是激活体验的相关领域。房子本身由于与外来元素相叠加形成了新的视角而引起我们的兴趣。

布吕克纳和布吕克纳建筑事务所，蒂申罗伊特/维尔茨堡

克劳斯-彼得·布吕克纳，1939年出生，在雷根斯堡应用技术大学学习土木工程。彼得·布吕克纳，1962年出生，在慕尼黑工业大学学习建筑学。克里斯蒂安·布吕克纳在国立斯图加特艺术学院学习建筑学。自从1990年，父亲和长子开设联合事务所；克里斯蒂安·布吕克纳，幼子，于1996年加入事务所。彼得与克里斯蒂安·布吕克纳都是慕尼黑大学应用科学系的客座教授。有大量获奖作品和出版物，www.architektenbrueckner.de。

弗兰克·彼得·耶格尔：这个项目也是如此，既有建筑本来是要被拆除的。

克劳迪娅·迈克斯纳：是的，客户已经有了一个新的建筑设计方案，但他们并不真正满意。我们见面后一起参观这个房子。该房子结实、质量好，是一个木匠为他自己建造的。我们迅速有了一个想法：为什么我们不能用这个场地、这个房子和它的历史？客户没有反对，愿意考虑我们的提议去整合它。

弗兰克·彼得·耶格尔：你们与标志性建筑保护机构打交道有哪些经验？在目前中欧常见的一些涉及既有建筑雄心勃勃的概念项目中，这些机构是不是发挥了显著作用？

彼得·布吕克纳：标志性建筑保护机构是一个非常重要的机构，特别是当建筑师和标志性建筑保护主义者之间的对话与合作能够带来良好的导向时：一个可以产生新的设计刺激的规划过程，然后可以在结果中反映出来。一个很好的例子是瓦尔德萨森（Waldsassen）修道院项目，这个项目我们与标志性建筑保护机构有着长达10

年富有成效的合作。你能从这样一个设计流程中学到多得难以置信的东西。这些刺激往往发展成为与最初设想非常不同的东西。我们认为这是一个巨大的机会，其中也有很多的乐趣。不过有时也会遇到错误和教条式的标志性建筑保护主义者。通常我们不喜欢用"标志性建筑保护"这个术语——"标志性建筑的开发"似乎更贴切，从这个角度理解，人们可以进一步开发建筑及其周围环境。

克里斯蒂安·布吕克纳：是的，这是关键。"标志性建筑保护"往往意味着维护和保存建筑。但你很难接触它或者赋予它一个新的功能。作为建筑师，我们建造的是生活的空间。一个标志性建筑，它一定要能住，或者能得到复苏，而非矗立在那里空空

如也，这就是为什么我觉得"标志性建筑开发"这个词更具有现代意义。另一点是，"标志性建筑的保护"实际上不存在。经过多年与许多不同的这样的机构合作，我们逐渐得出一个结论，那就是在一些具体问题上普遍建立的立场，是没有约束力的基本立场。因此，与保护机构代表的合作取决于你正在打交道的那个人。在极端的情况下，这种工作甚至变得有些主观臆断。在对标志性建筑进行改动时，像决定我能干预到何种程度这样的问题，在很大程度上取决于参与其中的特定的那个人。对客户和建筑师来说，这都不能作为可靠的取向。我们需要的不仅仅是从保护机构获得批准；而是需要双方对历史建筑的共同研究，这样才可以把它作为一个起点加以讨论。

弗洛里安·施吕特尔：理想的情况是经过

图3　法兰克福的沃尔法特–莱恩马纳房子（Wohlfahrt–Laymann house）：迈克斯纳·施吕特尔·温特建筑事务所把既有木房子整合到他们的新建筑里

共同努力，共同开发如何将标志性建筑物置于新环境里的理念。我们认为目标应该是标志性建筑能够传达其重要性。它不仅是单纯的保存，也是各种概念层次上的理解与交流。

弗兰克·彼得·耶格尔：可逆性主题对你们有什么重要意义？

彼得·布吕克纳：可逆性在标志性建筑保护中往往针对具有历史价值的建筑物，干预时要遵循一个强制性义务。这意味着在实践中可能不允许使用混凝土板；换句话说，需要极大努力才能去除的事情在这里是被禁止的。我们认为此类主题比较微妙。让我们看看维尔茨堡（Würzburg）的文化仓库：它毕竟是作为一个仓库，而不是作为一个文化场所建造的。

迈克斯纳·施吕特尔·文特建筑事务所，法兰克福美因河畔
克劳迪娅·迈克斯纳，生于1964年，在达姆施塔特和佛罗伦萨大学学习建筑学。
弗洛里安·布吕克纳，生于1959年，在达姆施塔特和佛罗伦萨大学学习建筑学。
马丁·文特，生于1955年，在法兰克福应用科学大学学习建筑。
自1997年以来，迈克斯纳·布吕克纳·文特建筑事务所，获得多个奖项，发行出版物和参加展览。包括2004年德国建筑奖；一等奖，2006年Wüstenrot Gestaltungspreis组别冠军。2008年巴塞罗那世界建筑节；参加2004和2006年威尼斯双年展。

然而它向我们展示了一个建筑类型如何用作其他用途。对我来说，这就是以永久也是不可逆的方式建立新用途的有意义的案例。在作决定时，最好问一下自己：恢复过去用途的观点现实吗？尽管如此，我们还是会从概念层面上考虑可逆性。尤其对于旧建筑特别有价值的方面，如壁画。这些壁画不一定需要被修复，而是需要采取足够的措施来有效地保护它们。标志性建筑考古中经常遇见这样的情况。在考古调查中发现的历史上的地板，在一个谨慎设计的新楼板下方可以保存得很好。

弗兰克·彼得·耶格尔：客户对既有建筑的态度在这里扮演了什么角色？

克劳迪娅·迈克斯纳：根据我们的经验，大多数客户一开始对既有建筑的态度都相对优柔寡断。实际上在设计过程中，我们帮助客户一起确立他们的立场，通过提供新的意见彻底影响他们。通过分析遇见的状况，在处理既有现状上得出一个清晰自明而坚定的立场。由此范围从明确地保存所有遇见的东西扩展到它似乎完全消失。

克里斯蒂安·布吕克纳：最近，我们赢得一项竞赛，基本情况是要求夷平一个大型内城啤酒厂，用新的建筑取而代之，以容纳一个社区中心。我们仔细研究啤酒厂的建筑，很明显我们必须设法保留住部分建筑。它不只是一个建筑物。随着使用功能的结束，这个地方的部分活力也随之丧失。因此，我们决定扮演调解员的角色。我们充当既有结构的倡导者，幸运的是市议会也意识到城市一百多年的历史不应该就这样轻易扔掉。这种情况下还有一个方面不应当低估，那就是经济：社区中心设计与既有建筑联系起来，这种情况虽然比新建筑花费更多些。但结果却是人们得以与历史充分连接。

彼得·布吕克纳：我在这方面最令人沮丧的经历是上普法尔茨（Upper Palatinate）的苏尔茨巴赫－罗森堡（Sulzbach-Rosenberg）的马克斯许特（Maxhutte）钢厂：一个拥有300年历史的冶炼工厂。我们第一次访问时，该厂仍处于全面运作中，我们看到的是一个迷人的工业景观，有着同样引人入胜的空间。在这个阶段，我们被允许研发概念模型来看会出现什么情况。在长时间的讨论中，我们考虑如何拯救这个工厂，至少拯救几个核心元素也好，它们是几十年来认同感建立的重要来源。我们也证明了保护好这些认知元素对经济同样有利，可以把它们用作受控制的填埋场。这个地方污染严重。我们对该项目的计划最终因为很多因素受挫，其中就有废物处理服务提供商的经济利益。该领域的企业从受污染材料处理中赚取大量财富。在某些时候我们得出的结论是，因为整个钢厂具有相同的文化意义，它其实如同巴伐利亚宫殿和湖泊一样需要权威机构的关注。但最终该工厂还是被拆毁成一块一块卖掉。本来还有一个烟囱可以保留在那里，但那又有什么意义呢？这真是一段苦涩的经历。

弗兰克·彼得·耶格尔：让工业或市政公司意识到有关设计的一些问题似乎很难，但是维尔茨堡热电厂，显然是个例外。

克里斯蒂安·布吕克纳：我们最初也是这么想的，那就是，我们不会找到任何共识。但与电厂经理人的合作竟然出奇地富有建设性，我们真的相互学习。先前竞赛的目的实际上是在海港边电厂煤仓的顶部，考虑新建筑建立的可能性。我们的方案进而演变，迅速重新构思整个既有电厂的方向。扩建的起点从提高效率、优化操作流程开始。最初客户和承包商对我们建筑师持怀疑态度；通常建筑师在此

类项目上不具有平等地位。尽管如此，有关建筑物公众形象的决定还是我们的任务，我们参加规划会议。当讨论到电厂扩建烟囱的位置时，我们问："能否有三个烟囱，而不是计划的两个，它们能不能被分别安排?"四周一片奇怪、惊讶的目光。但他们思考片刻后得出结论，为了实现最佳解决方案考虑不同的方法是值得的。随之而来的是对形势的共同估计，从中增进信任然后一起开发，以及共同关注那些对我们来说都很重要的事情。

弗兰克·彼得·耶格尔：哪些很重要的事情，比方说?

彼得·布吕克纳：比如一个所谓的"鼻子"的例子——热电厂东侧的拱形悬臂。客户代表在会议上要对外部形式作出决定，我们很自然地被问这样一个问题：能否不保留"鼻子"，它的成本高而且没有功能必要。我们这样回答："您可以照一下镜子，然后再问这个问题。"

弗兰克·彼得·耶格尔：他们什么反应?

彼得布吕克纳："鼻子"建成了。当然我们也必须证明，可以为10000平方米的电厂设计一个造价为2.2亿欧元的外表皮。依据计划如期在预算内覆盖这么庞大的领域是一个大胆的尝试。我们承诺客户可以按照预算执行项目。这本身就造成

巨大压力。该项目不止一次行走在刀口上。

弗兰克·彼得·耶格尔：当处理既有条件时，如何区分哪些是可以保留的，哪些是不能保留的?

弗洛里安·施吕特尔：当然有一些案例在一定程度上不算成功，从较高水平来看多或多少算是失败。这不得不说清楚。当你在预算上限内工作时，你会发现更多高成本的解决方案是在设计工作开始后才出现并成为最佳选择，这时基本上只有两种可能性：完全停止该项目——没有人愿意，或以某种方式更经济地实现它。换句话说，一个好的主意能否在给定的预算内实现是个问题。你最终形成的东西仍然代表一个值得尊敬的设计服务。但你很难过，因为你知道它本来可以更好。

克里斯蒂安·布吕克纳：建筑理念能否经受变化是非常重要的。它必须足够坚定可以承受如材料的削减或规划上的轻微改变。与此同时，你必须留意设计的基本理念，否则项目突然不再是你原来想要的。在又一个烟囱立面完成后的两年，维尔茨堡热电厂再次扩建，这将破坏三个烟囱的对称性。最终的解决办法是将第四个烟道插入原有三个烟囱中间。有趣的是，这结果成为最具有成本效益的解决方案。无论何时技术人员和设计师合作，这种必须培养的跳脱窠臼的持久思考确实艰苦而耗时，但同时也丰富多彩。

弗兰克·彼得·耶格尔：关键字成本效益：小规模项目需要密集型的协调，是不是有陷入财政赤字的风险?

克里斯蒂安·布吕克纳：这种情况常有发生。遗憾的是，对一些项目的实际开支，建筑师的收费结构没有一个令人满意的基准。总会有费用不足的项目。单单依靠这种项目是无法支持事务所的，必须通过其他项目来完成。某些项目中可能不做任何事情，但投资很多细节的工作。除了金钱奖励，有时还有其他更重要的因素，比如我们创造生活环境和随之而来人们对其的满意度。

图4　翻修后的维尔茨堡热电厂的特征是悬臂式的"鼻子"，为新的海港边露台提供一个遮蔽场所

加法

　　扩建、加层、扩大、整合、补充、倒圆角等许多形式的施工措施被总称作"加法"。这种方法揭示设计的广泛可能性。目的就是为了获得更多的空间，升级建筑用于新功能，甚至赋予既有建筑一个新的表皮以提升外观。在这方面，"增加"听起来简陋了些，因为这样的表述没有传递品质得以提升的可能。成功的项目是那些既有建筑和新建筑融合一体；突然间你想象不出来，旧建筑没有那些增加的东西是什么样子。

　　在这种情况下，新增加的部分渗透到迷人的老建筑，使其平添成熟的美感和氛围。完全不同建筑阶段的并存，在时间层次和风格上相对比；它产生意想不到的空间秩序、粗糙的过渡效果等——很多东西是一个全新建筑所不能提供的。新与旧的彼此加强和增进，通过建筑对比激励使用者。新的整体大于各部分的总和。

维尔茨堡热电厂

——布吕克纳和布吕克纳建筑师事务所

维尔茨堡（德国）
工业——132、136、148、152、161页

5

6

7

8

图4、图5　楼层和百叶：银色
和铜色的鳍状铝片形成工厂的
新表皮。突出竖线条的鳍状铝
片与水平檐口条形成对比

图6　工厂周围环境重新设计的
目的之一，是让港口和美因河岸
再次向居民开放。休息露台轻
轻延伸至水面，这里直到2003
年都曾是电站卸煤炭的地方

图7、图8　电站内的配色方案

不可预见的美丽

维尔茨堡热电厂的立面设计与城市整合

布吕克纳和布吕克纳建筑师事务所
蒂申罗伊特（Tirschenreuth）/维尔茨堡

好的建筑摄影是一门暗示的艺术。在鲜明光线下拍摄的照片往往把建筑物从日常的真实感觉中分离开来，以至于当第一眼真正遇见这些建筑时，它们看起来就像它们自己图像的阴影。如果你站在维尔茨堡热电厂面前，你可能会惊讶地发现，即使在一月份的某个雨天，矗立在那里的这座建筑就如康斯坦丁·迈耶（Constantin Meyer）的照片一样坚挺有力。没有过多的掩饰刻意把"建筑"塑造成为科技楼，闪闪发光的银、铜色电厂在维尔茨堡城市的北入口形成一个新的标志性建筑。

20世纪50年代初，维尔茨堡市在美因河岸边兴建电厂。这是一个简单、对称的工业建筑，倒映在水中。但在其后40年里，该建筑经历一遍又一遍的改建和扩建，直到它终于完全失去原有形式。当2002年扩建需要安装一个新的汽轮机时，城市签署一项改善其视觉效果的限制性条款。由此启动立面设计竞赛。布吕克纳和布吕克纳建筑师事务所获得一等奖，却意外地发现，该设计资金——总预算38亿中的220万欧元，实际包含用以支付"建筑和不可预见的突发事件"的预算，幸运的是，涡轮安装过程中没有出现任何意外，确保预算完全留给建筑师。

但是如何用220万欧元重新设计整个电厂的外表皮呢？建筑师决定用有角度的金属形状，涂上定制的银色和铜色，并由承包钢结构的制造厂方配上预钻孔。每一个垂直角度的形状包含银色和铜色的金属片，沿着尖端拧紧在一起。所有金属片材大小相同；唯一区别是它们被拧合在一起的角度不同，因此形成包裹在建筑外面一层有角度形状的波浪，其中有些角度形成的锥尖比较平坦，有些锥尖逐渐尖锐。固定在既有外墙结构框架上的矩形钢管充当子结构。鳍状铝片形成强烈的竖向垂直的图像，三个银色烟囱更加强调这种竖向感。与这种垂直栅格形成对比的是横跨该建筑整个长度的水平带。因为要考虑对应外表皮后面的建筑体量，所以这些水平间隔不相同。它们把新与旧结合在一起：从1950年电站核心到最近的建设阶段，通过这种方式，表皮把建筑物的异质结构转换成线条和水平层面的动态拼贴图。

银色和铜色这两种颜色，戏谑地把能量主题可视化；如位于西南侧鳍状铝片的铜色调，让人联想起变压器的导线线圈。精心挑选的颜色一开始单独看，并不能诠释建筑的特殊表达。它最终起作用是因为整体形式犹如一个庞大机器般伸展舒缓开来，使人宽心的同时发出能量的振动。阳光下其北侧的外表皮完全溶解在一片银色微光里。这里，抽象不仅是一个概念，它更是一个有形的现实——每个人都能察觉到的经历，充满了意想不到的视觉关系。无论谁从老美因河桥上看旧电厂，都能注意到远处工作场所多么抽象的立面几何图案。

通过外围护结构伸向港池的悬臂，使罩在严谨技术外面优雅面纱的整体效果达到完美。这个弯曲的"船头"受益于整体的比例，并使该项目具有城市化气息：在2003年之前，电厂北侧有一些大型煤仓燃料箱，通过驳船运送

项目资料
客户　维尔茨堡供热厂有限公司
建造成本　240万欧元（净）
外围护结构表皮面积　约10000平方米
有角度的形状总量　720
螺丝数量　约60000
总体积　113500立方米
特征　安装新涡轮后，现有的热电厂覆盖以铝板表皮——建筑重构持久提升了电厂周围的环境
完成时间　2006年9月
项目管理/团队　Stephanie Gengler, Stephanie Sauer
地点　维尔茨堡Veitshöchheimer街/和平桥，D-97070

修建年份　1950年

1000　　　　　　　　　　　2010

改建　2007年

2000　　　　　　　　　　　2010

建造成本　　　　**每平方米价格**
240万欧元　　　　240欧元

　　　　　　　　　　15000
　　　　　　　　　　10000
　　　　　　　　　　5000
　　　　　　　　　　0

有角度的立面　平面图和系统的剖面图

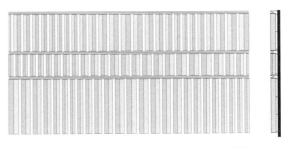

10m

1m

煤炭到电厂。当无法避免地改用燃气运营后，这些煤仓变得多余。几年前把邻近港口边的仓库改建为文化记忆博物馆的布吕克纳和布吕克纳建筑师事务所，此刻意识到这是一个把以前被港口和发电厂栅栏阻止的河岸，重新还给维尔茨堡居民的绝好机会。不仅如此，现在没有什么功能的海港盆地和废弃的港口起重机及其背景，似乎就是露天文化遗址的理想场所。因此建筑师把发电厂水平突出下方的宽敞露台改造成一个宽阔的台阶，并沿着港口伸向水面。夏天这里浮动的舞台可以举行音乐会或放电影，旁边还有一个漂浮的美术馆。2003年这里仍在卸载煤炭，而如今这里，夏天夜晚伴随着冷饮曲终人散。

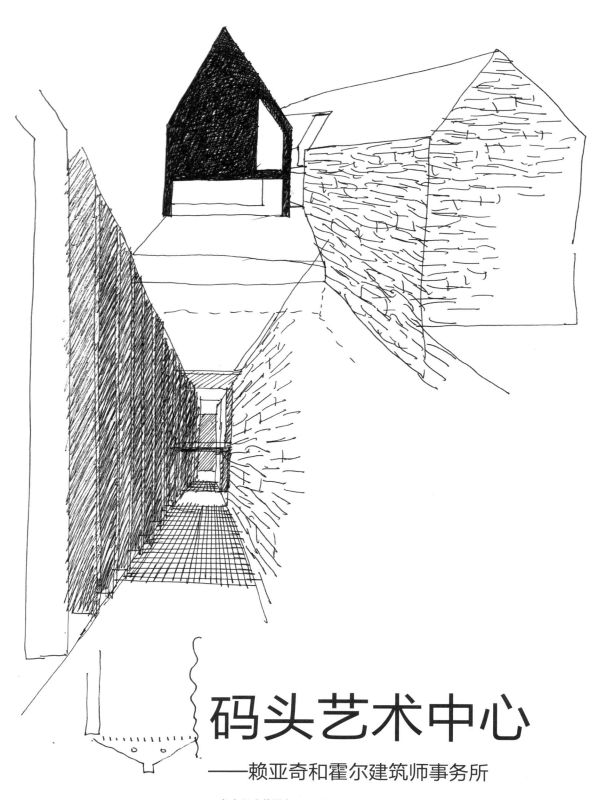

码头艺术中心

——赖亚奇和霍尔建筑师事务所

2

图1 山墙、金属板层、玻璃和卵石——码头艺术中心扩建的这些建筑元素都在建筑师草图中得以体现
图2 既有建筑外观特征是奥克尼郡的传统卵石
图3 艺术中心入口位于远离海港的维多利亚街上的一栋白色建筑。
图4 美术馆的海港一侧

3

4

6

7

8

9

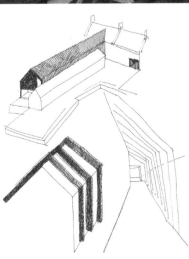

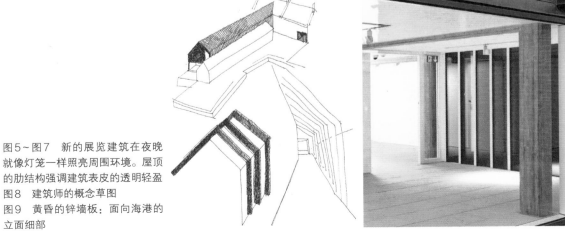

图5～图7　新的展览建筑在夜晚
就像灯笼一样照亮周围环境。屋顶
的肋结构强调建筑表皮的透明轻盈
图8　建筑师的概念草图
图9　黄昏的锌墙板：面向海港的
立面细部

三栋建筑艺术

码头艺术中心扩建，奥克尼群岛，苏格兰
赖亚奇和霍尔建筑师事务所，爱丁堡

对于苏格兰南部的人来说，斯特罗姆内斯（Stromness）位于遥远的北方——那里与其说是苏格兰，不如说更像是斯堪的纳维亚。建筑师赖亚奇（Reiach）和霍尔（Hall）在北方现代主义背景下开展工作。他们旨在创造一种以宁静、轻快和透明为特点的建筑。斯特罗姆内斯是奥克尼（Orkney）群岛第二大城市和主要港口，由一个独特的海滨城市发展起来——石头码头、老仓库和商业建筑，所有这些都赋予这个拥有海风吹拂的海岸小镇粗犷性格。码头艺术中心（PAC）占据石头海滩的战略位置，直接毗邻轮渡码头。该中心是20世纪以来英国最重要的艺术收藏馆之一，永久收藏品由临时展览定期补充。

码头艺术中心成立于1979年，位于石头码头两个标志性历史建筑之间。2005~2007年赖亚奇和霍尔建筑师事务所对其进行整修与扩建。该艺术中心包括三个部分：一栋沿着维多利亚街面向陆地一侧的建筑，另外两栋垂直地从街上延伸向大海的建筑。街边白色粉刷的那栋建筑包括入口、办公室和图书馆，以及一个艺术家工作室。后两栋中的一栋由海滨仓库改建而来，另一栋黑色的新建筑有一个简洁的现代形式斜屋顶，能够唤起对传统仓库的回忆。原有码头建筑用于永久收藏品，临时展览则在其新的附楼里。

与改建后的既有建筑一样，赖亚奇和霍尔设计的新建筑已然成为城市地貌的一部分，黑色的外表看似与常规形式不同，却巧妙地把它从历史环境中提升出来。不像海滨石头仓库，这个建筑有一个介于虚实之间的外观：黑色锌骨架交替相间着半透明玻璃。明亮的室内到了晚上，像灯笼一般从最外层表皮的肋骨间散发光芒。

拉纳·罗伯茨多蒂尔（Ragna Róbertsdóttir），一

项目资料
客户　码头艺术中心，斯特罗姆内斯
建造成本　280万英镑
使用面积　658平方米
总建筑面积　1023平方米
完成时间　2007年
建筑/管理　Neil Gillespie, David Anderson
地点　英国斯特罗姆内斯维多利亚街，奥克尼KW16 3AA（邮编）
修建年份　1820年

新建筑建成前的码头情况

个喜用火山物质进行创作的冰岛艺术家，激发建筑师创造一个面向大海的立面，这个立面似乎可以随着参观者的移动而改变。附属建筑延续旁边老建筑的风格，采用相同的基本形式，玻璃幕墙肋间距与原来美术馆的椽子相呼应。从正面观看山墙，建筑显得非常厚实，但随着向左或向右的每一步前进观察，这种厚实的感觉就逐渐消解。新建筑从侧面看几乎

建筑纵剖面图

底层平面图

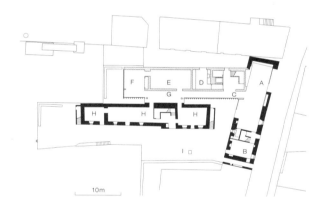

A　入口/会议/商店　　　D　车间　　　　　　　G　悬挑的连接空间
B　管理　　　　　　　　E　两层通高展厅　　　H　收藏品
C　长廊　　　　　　　　F　展厅　　　　　　　I　赫普沃斯曲线形式

融入背景，使更多的原来码头建筑得以重新突出。新建筑稳固而有力量，同时轻巧又透明，与邻近建筑物坚硬的石墙相对比令人耳目一新。

维多利亚街上的建筑与黑房子完全相反：这里一切都是白色的。白色墙壁温馨、友好的印象让人感觉似曾相识，但经仔细观察，这栋建筑也有不可思议的气质。灰色和棕色的色调主宰着斯特罗姆内斯镇，在这样的背景前，码头艺术中心充满活力的白色主楼，似乎比相对应的黑色更奇怪。

美术馆内部空间涂着白色灰泥，面向大海一侧的山墙上有玻璃开口，强调整个空间效果。宽敞而安静的展览空间使艺术品呈现出最好状态；北向柔和的光线渗透进空间，把游客和周围的景观连接起来。

图 10　从美术馆可以直接看到斯特罗姆内
斯港口和渔船的景象
图 11、图 12　美术馆内景

柏林军械库遗址上的自助餐厅

——卡塞尔建筑主管部门（Kassel Building Department）
汉斯－约阿希姆·诺伊克费尔（Hans–Joachim Neukäter）

图1、图4 建筑师把自助餐厅处理成一个物质形态弱化的玻璃体量，插入具有500年历史的老墙之间，餐厅真正的墙壁是以前军械库的墙壁

图2 20世纪60年代的废墟

图3 这座文艺复兴时期建筑的三分之二在1972年被拆毁，让路给一所新的学校

图5 所有军械库遗址都保留在西南角——从炮兵街看到的景象

图6~图9　自助餐厅作为一个独立的结构插入旧军械库墙内，与既有实体紧密相连。穿过一个小露台就可以到达遗址内的区域

可以实事求是地说，无论卡塞尔城市以何种方式拆除遭到战争破坏的历史军械库外墙——也就是众所周知的措伊格蒙斯（Zeughaus）（柏林军械库），从今天的角度来看都是令人震惊的：1972年的照片显示挖掘机正在撕裂一米厚的墙壁，很难相信，这并非发生在很久以前，拆除一个文艺复兴时期的建筑在当时仍然是家常便饭。

1582年的3月1日，威廉四世领主奠定军械库的四个基石，这里面安置着阿森纳全市的武器。根据历史记载，"在过去的描述中这座建筑的尺寸非常突出，应该有96.80米长、21.80米宽的矩形平面尺寸这么大"。

卡塞尔在第二次世界大战中是盟军的空中攻击目标；

从障碍到承上启下
卡塞尔柏林军械库遗址上一个新的自助餐厅

卡塞尔建筑主管部门

汉斯－约阿希姆·诺伊克费尔教授

20世纪70年代初，城市规划在军械库场址上建了两所职业学校。为了其中一所马克斯艾区斯（Max Eyth）学校，三分之二的长方形建筑被拆毁。两所学校完成后，四层楼高的教室单元分别附在遗址两侧的拐角部分。回想当时要保留一部分的决定时，建筑师汉斯－约阿希姆·诺伊克费尔认为，"原本他们可能是想推倒整个遗址"。"其实，遗址因为这一点遭到更大破坏，它挡住两翼之间的连接！"

但无论如何，城市建筑遗产的意识已经有所增长。1991年，卡塞尔市民创办遗址保护协会，赋予它一个新的用途。协会成员清理了碎片遍地的内部区域，捐款资助外墙的整修。为了达到永久使用的目的，市政建设部门主任汉斯－约阿希姆·诺伊克费尔提交的一个设计方案得到一致同意，并最终得以实现：一个自助餐厅，在学校加建时曾被遗忘的部分，直到现在才被整合到废墟里。新生成的空间由高职学生自由处理，也可用于公共活动。

建筑师介绍他的概念如下："内与外对应着旧与新，外面坚固，里面柔弱，这促使一个玻璃物体融入遗址的理念诞生，不用限制空间或使体积变小，不与宏伟壮观的留存外墙相竞争。设计理念有三个水平层次特征：1级自助餐厅（地面层），位于原有地板以上半米的位置，上方是夹层和屋面板。1级和夹层连接两边教室，以适应它们不同的高度差，完全由一层透明的玻璃和钢结构包裹。"诺伊克费尔自觉地选用夹层，而不是完整的第二层，这样插入的新建筑才尽可能显得轻盈，几乎从每一个角度都可以观察到外墙砌筑的大卵石，这才是他认为的建筑真实外壳。建筑师把在建筑顶部的保温层折叠起来放在内侧，可以再次尽可能减少对外墙的视线阻隔。砖石遗址与新建筑之间的几个直接接触点都经过精心设计。自助餐厅露台上的遗址未改建部分，如今可以再次到达。

该建筑的基础底板在结构上依靠钻孔桩板架支撑。15厘米厚的大尺寸砂岩砖板做成的历史地板，铺在新建筑现在的地面层水磨石地板下面60厘米处，保持不变。地板下集成的采暖设备使额外的加热元件多余。支撑钢筋混凝土楼板夹层和屋顶的柱子数量减少到最低限度。外围护结构由一个精致的立柱横梁型材构造支撑的三层玻璃组成。

自助餐厅和遗址相得益彰，同时又有自己的特征。这也是标志性建筑保护办公室所希望看到的，所以对建筑师的设计理念全力支持。FPJ

旧军械库和自助餐厅的纵剖面图
右边是职业学校的各楼层

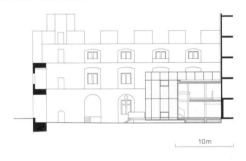

10m

自助餐厅的平面图及功能分区

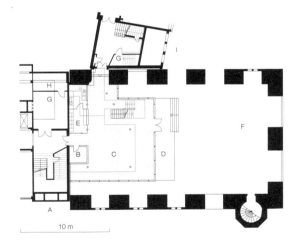

10m

A　西边建筑　　　D　露台　　　　　G　设备间
B　储藏室　　　　E　厨房　　　　　H　电力设施间
C　自助餐厅　　　F　旧军械库遗址　I　南边建筑

项目资料
客户　卡塞尔市政
建造成本　114万欧元
使用面积　257平方米
总建筑面积　305平方米
特点　新建筑到处是玻璃；壳结构占总建造体积的80%
完成时间　2008年12月
项目管理/团队　Claus Wienecke,
Margitta Heidenreich
地点　炮兵街/军械库大街的角落，卡塞尔，D–34125

修建年份　1582年

在1943年遭轰炸之后，该军械库被大火烧毁，只有外墙幸存。在接下来的几十年，外壳恶化，杂草丛生。除了作为卡塞尔当地历史博物馆的重建计划外，有一段时间曾考虑把它作为一个停车库使用。不过说到底，没有一个计划得以进一步推行。

西海岸艺术馆

——松德尔·普拉斯曼建筑师事务所

阿尔克尔苏姆/弗尔（德国）

图1　位于重建谷仓里的主展览
大厅；光通过屋脊处的"切缝"
倾泻进来，这里自然光和人工
光源混合在一起
图2　三个展厅由贯穿其中的视
线相连接

2

3

4

图 3~图 5　格 雷 特 延 斯
（Grethjens）酒店内部：在其
历史遗址的基础上，建筑师们
重新演绎了这个在20世纪被
拆除的建筑
图6　从美术馆看大厅的景象

5

6

新的村落中心

乡村背景下的重建

松德尔·普拉斯曼建筑师事务所，卡珀尔恩

严格地说，西海岸的艺术博物馆（西海岸艺术馆）并不是真正意义上属于本书所说的在既有结构中建筑的范围：因为除了两个附属建筑，整个建筑群基本是新建的。如果抛开既有建筑和新建筑之间的传统区分，这个位于弗尔（Föhr）的北弗里西亚岛（North Frisian island）的博物馆是一个新与旧的有趣案例：旧的部分在这里不是一个建筑实体，而是一个历史场所，位于一个村落的中心部位。换句话说，这个既有结构首先是虚构的，使得博物馆可能用最有趣的当代方式来进行建筑重构。

项目资料
客户 阿尔克尔苏姆/弗尔市、Nesos GmbH、弗雷德里克·保尔森
建造成本 1320万欧元
使用面积 约5600平方米
总体积 10304 立方米
总建筑面积 1950平方米
完成时间 2009年7月
项目管理 Gregor Sunder-Plassmann
施工管理 Thomas Paulsen，Wyk/Föhr
地点 Hauptstraße 1，D-25938，Alkersum/Föhr

改建 2008年

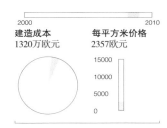

2000　　　　　　　　2010
建造成本　　　　每平方米价格
1320万欧元　　　2357欧元

15000
10000
5000
0

所有面朝街道的主体建筑，都是按照以前在这个场地上存在的建筑的样式进行重建：第一展厅采用本地土著茅草屋顶谷仓的形式矗立在这里，这种类型的谷仓直到1968年都存在于此。博物馆的入口是一个狭窄的通道，被黏土涂抹的谷仓砖墙和白墙粉刷的客栈所包围。作为一名游客，你有点难以置信：因为这样的建筑从远处看是一个可爱、古老的旅馆，门前同样有棵老椴树，却是一座新建筑。格雷特延斯酒店重建之前，在1900年左右，它的的确确就是一个为工作在弗里西亚西海岸艺术家提供聚会的场所。

博物馆由医药企业家弗雷德里克·保尔森（Frederik Paulsen）成立，他的父亲来自阿尔克尔苏姆（Alkersum）。他希望自己广泛收集的艺术品能向公众开放。几十年来，他收集许多描绘大海和海岸的画作，主要是沿着荷兰和挪威之间的北海海岸。除了著名的艺术家，如迈克斯·利伯曼（Max Liebermann）、爱德华·蒙克（Edvard Munch）和埃米尔·诺尔德（Emil Nolde）的海洋主题，他还专注于"西海岸画家"，其中有一组就以奥托·H·恩格尔（Otto H.Engel）为中心，一位世纪之交在弗尔岛和其他地方非常活跃的画家。这些画家最重要的聚会场所就是上述客栈：格雷特延斯酒店。

客户希望博物馆符合国际标准，成为游客和当地人的聚会场所，能够与拥有400个居民的村庄融为一体。这些几乎矛盾的愿望对格雷戈尔（Gregor）和布里吉特·松德尔·普拉斯曼（Brigitte Sunder-Plassmann）来说，是值得欢迎的挑战。这对夫妻来自石勒苏益格-荷尔斯泰因（Schleswig-Holstein）的卡珀尔恩（Kappeln），一个是建筑师，一个是艺术史学家，他们非常乐意与德国北部建筑类型打交道，拥有处理复杂建筑任务的丰富经验，在过去20年间建成或改造了20多个博物馆。设计阶段之前他们首先对本地材料、建筑体量和建筑类型进行细致研究。建筑师没有采用独立的、设备齐全的新博物馆建筑，而是开发了一个包括七栋建筑的组合体，其中两个已经存在于基地。为了再现"西

海岸画家"原有的小房，他们在其原有的砖石基础上重建几年间被拆除的客栈，目前用作博物馆的咖啡厅和活动场地。迷人的酒店建筑后面是宽敞的博物馆花园和六个大小不同、容纳展览空间的建筑。其中最大的一栋使用和老弗里西亚谷仓相同的形式和材料。该建筑群体作为整体以这样一种方式，重建20世纪70年代被拆毁的村庄中心。

建筑师们在展厅采用自然光和人工光源相组合的形式。"粮仓"，这个位于建筑东侧的大型展馆，在沿着屋脊切缝渗透光线的照射下最为明亮。沿着屋脊开口的内侧安装有射灯，以便自然光和人造光混合为一体，两个相邻大厅也采用相同照明处理。

建筑评论家乌尔里克·库克尔（Ulrike Kunkel）认为，博物馆在创意改造和现代建筑语言之间起了平衡作用。她总结说："在乡村背景下，即使部分历史化建筑语言的使用也是恰当的"。FPJ

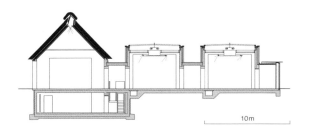

展览大厅的剖面图，左边是谷仓

10m

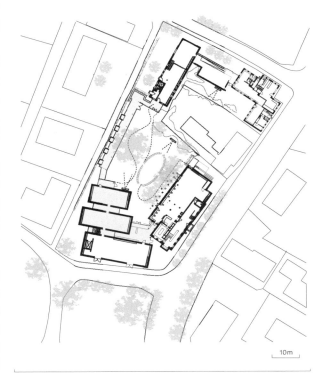

阿尔克尔苏姆村落中心地带的博物馆建筑群

10m

图7　博物馆花园的入口
图8、图9　镜中的自然：玻璃幕
墙给博物馆花园以宽敞的感觉

图 10、图 11 售票台和博物馆
商店，室内外景观
图 12 建筑群的室外景观：位
于茅草谷仓和格雷特延斯酒店之
间的入口

小城堡的屋顶

——彼得·库尔卡建筑师事务所

德累斯顿（德国）

图1、图2　在文艺复兴和巴洛克之间：重建的德累斯顿王宫屋顶风景里的现代圆顶，从茨温格宫（Zwinger）这边看到的景观

图3　圆顶的轴测图以及它与既有屋顶的连接

图4　（40页）王宫的小庭院（Kleiner Schlosshof）及其新屋顶

1 | 2

3

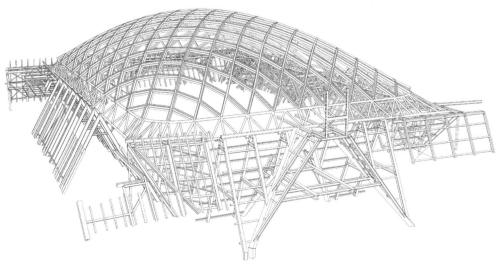

轻盈的设计

德累斯顿王宫庭院的圆形屋顶

彼得·库尔卡建筑师事务所，德累斯顿

德累斯顿皇宫自1547年起就是萨克森（Saxon）国王的住所。1945年2月13日盟军轰炸摧毁德累斯顿，宫殿被烧到砖石基础。德累斯顿皇宫外观重建始于1986年，2006年结束。萨克森州政府此前决定使用重建后的宫殿，以容纳国家艺术收藏馆德累斯顿博物馆（德累斯顿国家艺术收藏馆）。

德累斯顿国家艺术收藏馆每天都要接待几千人次的游客。随着游客数量的增长，哪里才是容纳博物馆如门厅、售票处、信息设施等附属基础设施的最佳地点，此类问题接踵而来。一项对可供选择地点进行的研究表明，位于王宫中心的庭院，一个被称为小城堡（kleiner Schlosshof）的庭院最适合该目的。设计给它加个顶，仍然力求让人们能够体验庭院立面的山形墙、小塔和不同高度的檐口。这是一项艰巨的任务：不同的变化形式，尤其是玻璃穹顶，都需要经过仔细检查。然而，所有可选择地点不是要对最近完成的改造结构进行加强，就是可能会大大削弱文艺复兴庭院的空间效果。为了避免妨碍欣赏多种多样的建筑，结构支撑需要接近周围屋顶脊线。

经过多年讨论，选中建筑师彼得·库尔卡（Peter Kulka）的提议。该提议设想一个跨越宫殿庭院的自支撑桁架圆顶。84吨重的钢圆顶形成一个以刚性节点为基础的承重网壳。穹顶在横向和纵向两个方向弯曲，可以使其无中间支撑地覆盖面积达615平方米的庭院。从周围架构到顶部跨度最大为45米，高8.35米。这个枕头形状的造型尽管简单却迷人，成为德累斯顿历史中心天际线的一个极具吸引力的现代元素。它的几何形状用三维计算机模型开发，用计算机辅助设计来实现精确到毫米的装配负载。为了避免加固既有建筑带来复杂和昂贵的措施，特别需要减小圆顶的水平推力，确保尽可能小的固定荷载。

具有登山经验的装配工人，用265个充气垫填充1400平方米的圆顶菱形空隙空间。这些透明轻薄、耐候性强的塑料（ETFE膜），已在亚利桑那州沙漠这种极端条件下进行过测试。气垫内部保持800帕斯卡的恒定压力。空气供给直接通过横截面为18厘米×18厘米的承重钢型材空腔方管，使得空气供给的辅助系统显得有些多余。

充气枕头形状膜近景

采用这种不寻常的屋面解决方案而反对钢和玻璃结构，主要有几个观点支持：枕头形状膜使得结构的重量最轻，自重轻是直接原因，钢结构支撑的横截面较薄是间接原因，只有以这种方式才能够通过周围建筑物的屋顶来支撑结构。菱形尺寸沿屋顶对角线轴为4.1米×2.8米——能使庭院接收最大日光，同时保护原有外部的空间效果。建筑师选择菱形圆屋顶的外壳，因为钻石形状是文艺复兴时期的建筑主题。如果采用玻璃来完成，圆顶的双曲率势必将每一个"钻石"划分成两个三角形，最后导致复杂的结合点和不确定的外观。

项目资料
客户　萨克森自由州
建造成本　750万欧元
使用面积　615平方米（小城堡庭院的建筑面积）
圆顶覆盖面积　约1250平方米
卷材屋顶表面积　约1400平方米
完成时间　2009年1月
项目管理　Peter Kulka, Philipp Stamborski
团队　Christoph Goeke, Egbert Heller, Thorsten Mildner
地点　德累斯顿城堡街D-01067

修建年份　1547年

1000		2010

改建　2009年

2000		2010

建造成本　　　　　每平方米价格
750万欧元　　　　12195欧元

15,000
10,000
5,000
0

皇家王宫的剖面图　中间是格罗瑟宫（Grosser），右边是小城堡的庭院

10m

宫殿屋顶与圆顶的交界处

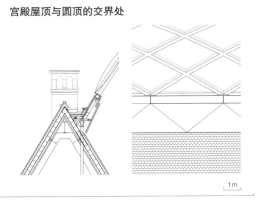

1m

恩斯赫德
文化产业集群
——SeARCH

图1~图3 值得一看的白天与夜晚景观：位于厂址内6层楼高的新塔楼闪闪发光的金属外皮网格编织精细，轻盈地翻腾在风中

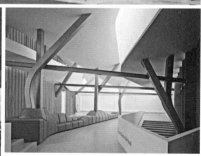

图4　改造区域的轮廓
图5　六个角的3层高排屋已新建落成
图6、图7　特温特（Twentse）德国之声地区博物馆内的收藏品

凤凰连锁店

从前纺织厂到"文化产业集群"的转变
SeARCH，阿姆斯特丹

安内克·伯克恩
（Anneke Bokern）

2000年5月13日，位于荷兰恩斯赫德（Enschede）的花炮厂付之一炬。许多吨重的火药爆炸造成22人死亡，数百人受伤。整个石板溪街（Roombeek）社区几乎被摧毁。从老轻纺城鼎盛时期开始的工业标志性建筑与众多住宅一起成为牺牲品。只有罗森达尔（Rozendaal）工厂避免严重损害。这个纺织厂始建于1907年，位于石板溪街中心，地位不是很重要，原本是要被拆除。但因为它是少数几个爆炸中幸存的工业鼎盛时期建筑之一，而且几乎没有受到损坏，所以变得值得保护。

与此同时工厂完成转型，当地称之为文化产业集群，有博物馆、艺术中心、工作室、公寓和咖啡馆。文化产业集群位于重建的石板溪街邻里中心。来自阿姆斯特丹SeARCH事务所的建筑师没有非常小心地处理建筑物实体：正如城市总体规划设想的一般，他们拆除了除围墙以外的所有楔形站台西侧建筑，取而代之的是雕塑般的新建筑。曾经的私人厂址现在成为一条小径。

沿着这条小径矗立着一栋6层高的新大楼，环绕带型窗户和金属网格立面，在风中自由摆动，通过它的纺织审美暗示着工厂历史。该塔楼是文化产业集群里的一个点要素符号，主要用于容纳办事处和特温特德国之声博物馆，在一个屋檐下把纺织史、地方史以及自然史融合在一起。临时展览设在一个蛇形新建筑的底层，直接连接门厅和它楼上两层的工作室。自然史和地方史的收藏品位于基地东侧拥有110米长锯齿屋顶的前仓库，只能通过小径下方的隧道到达。

仓库里的钢制推拉门、破旧砖墙与新玻璃橱窗形成对比，天窗之间采用机制的吸声石膏板。从狼标本、石

器时代住房的复制品一直到蒸汽引擎，这里有足够的空间提供给区域历史收藏品。

仓库和塔楼之间有一座鲜红色钢桥引导游客来到出口。一栋位于基地北端的仓库建筑被保留下来用作艺术中心。这栋建筑本来是架空的。为了获得更多空间，建筑师用玻璃墙封闭架空处。第三个被保护的既有建筑是位于综合体南端的工厂老板别墅，现在用作工作室。

项目资料
客户 恩斯赫德市，DMO
建造成本 2200万欧元
使用面积 15000平方米
完成时间 2008年3月
项目管理及团队 Bjarne Mastenbroek, Uda Visser, Remco Wieringa, Ton Gilissen, Thomas van Schaick, Ad Bogerman, Wesley Lanckriet, Guus Peters, Alan Lam, Alexandra Schmitz, Fabian Wallmüller, Mónica Carriço, Nolly Vos met Frisly Colop, Michael Drobnik, Noëmi Vos, Bert van Diepen
地点 Roomweg/ Stroinksbleekweg，恩斯赫德，NL–7523 XG
修建年份 1907年

1000   2010

改建 2008年

2000   2010

建造成本   **每平方米价格**
220万欧元   1467欧元

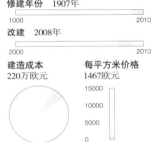

爆炸发生后，工厂清理残骸现场

排屋的平面图（二楼）

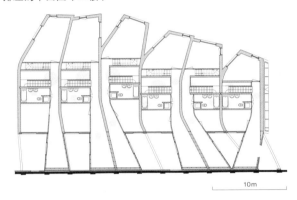

10m

新功能布局体量示意图

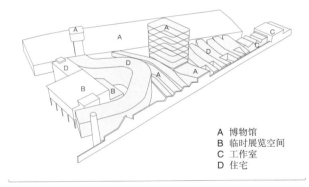

A 博物馆
B 临时展览空间
C 工作室
D 住宅

在这两者之间有一排小住宅不经意地矗立在老厂区围墙后边。这堵墙如同整个建筑群体一样像个大杂烩：随着时间的推移，墙上的窗洞口不断被打开又关闭，还被插入额外的装货舱口，孔口填满新类型的砖。生动而错落有致的质感以及日久生成的绿锈，与新住宅形成鲜明对比。房子以一定间隔排列，以适应厂区围墙的结构网格。从基地外看墙体，它们就像是传统的排屋，但是房子面对内街的后面，被设计成单独的有机体量。这个雕塑般的变形塑造出三个面向社区街道、内贴彩色瓷砖的尖锥形壁龛。

虽然厂址的变化可能有些激进，但最终形成一个连贯的实体，与它的历史痕迹一起给新区带来魅力。

尼欧·利奥（Neo Leo）
垂直住宅

科隆（德国）
住宅——22、32、42、50、62、84、132页

——吕德尔瓦尔特·费尔霍夫建筑师事务所

1

客户是位于科隆埃伦费尔德（Ehrenfeld）地区的一个19世纪晚期（创建时间）公寓楼的业主，他们住在二楼已有好几年。80平方米的公寓对有两个孩子的家庭来说相当局促，所以当三楼的住户搬走后，通过把生活空间向三楼和阁楼打开的方式带来扩大的机会。在楼板上开洞是可能的，但客户不同意用螺旋楼梯。与建筑师讨论后，在建筑物内部插入一个"适当"楼梯的想法逐渐形成。

垂直的室内家具

科隆的插入式楼梯

吕德尔瓦尔特·费尔霍夫建筑师事务所，科隆
（Lüderwaldt Verhoff Architekten）

梯塔在两台起重机的帮助下，悬吊起来通过打开的屋顶安装进去。

设计完成之后，建筑师把木建造工程师修订好的CAD图纸送到瑞士公司，进行面板裁剪和其他部件的尺寸切割。成品部件交付到科隆木工公司，在那里被完

剖面图和各层平面图　改建前（左）、改建后（右）

4ᵗʰ fl

3ʳᵈ fl

2ᵗʰ fl

10m

全组装好，证明了瑞士同事所做前期工作的优良精度。这个阶段还进行木材表面的上油处理。在楼梯口空隙涂上橘红色着色剂，照亮时效果非常明显。表面铺着绿色油布的踏步和平台通过榫卯与两端的木板连接。为了减轻重量并提供连接的重点，在木材上切割出圆形孔用来抓握以替代扶手。

在新创建的传动轴里，第二层顶部插入两个新钢梁以支撑楼梯。在结构上，它是自由悬挂的，没有负载传递到楼梯基础的下方结构，荷载从第一层楼上开始。拧在两侧的夹板把力传递到钢梁。楼梯吊装到位是个精密工作，因为建筑师只允许"盒子"两侧有1.5厘米范围。尽管如此，一个半小时后楼梯就被安装在指定位置，屋顶再次关闭。

对于建筑师来说，木结构不仅仅是一个楼梯——这就是为什么他们赋予楼梯外壳一系列附加功能，楼梯作为空间分隔、储藏室、女儿墙和书货架贯通三个楼层。而且作为一个橘红色的雕塑，它把三个楼层与新核心周围的功能区连成一体。

建筑师迪尔克·吕德尔瓦尔特（Dirk Lüderwaldt）总结说："我们希望能有机会再做一次这样的事情，但不幸的是，另一个适合的建筑家具类项目并没有随之而来。"FPJ

项目资料

客户　私人
建造成本　20万净欧元（整个改建）
使用面积　165平方米
总建筑面积　569平方米总修复，210平方米改造
总体量　2420立方米总体修复，930立方米改造
特点　插入建筑的楼梯主体由11米高的Kerto-Q板组装成一个单元；2006 NRW木材奖；2006科隆建筑奖；2006双年展贡献；2007德国木材建筑奖（入围）
完成时间　2005年10月
规划和项目管理　Dirk Lüderwaldt, Josef Verhoff
地点　科隆–埃伦费尔德地区Leo街，D–51145

修建年份　1903年
1000　　　　　　　　2010

改建　2005年
2000　　　　　　　　2010

建造成本　　　　**每平方米价格**
20万欧元　　　　　1212欧元

15000
10000
5000
0

在占地面积小的建筑里实现这个想法，结构不能太复杂，而且重量和占地空间要尽可能最小化。由于既有楼面施工状态不佳，平面布局多样化，独立结构太复杂且成本太高。因此有了把楼梯构建成超大内置家具的想法。建筑师研究产品最终发现工程材料多层板（Kerto-Q）可以解决问题。贴面胶合板制成的大尺寸面板厚度有56毫米，最长可达11米，非常结实和稳固。

考虑到可用空间大小，建筑师设计了一个高10.5米，面积为2.4米×2.4米的正方形楼梯塔。面板像家具一样用榫卯结构和木钉连接，形成一个自主的自我支撑结构。因为外壁很薄，楼梯本身几乎占据整个封闭空间。Kerto面板现场组装过于繁琐，所以客户和建筑师决定用一个不寻常的变通程序：在车间预制好的整个楼

建筑前面、上面和里面：安装楼梯到位

2

3

4

图1 [46页] 决定性的时刻：
预组装的"垂直室内家具"用
起重机悬挂着通过打开的屋
顶，第一次就安装成功

图2~图4 新元素不仅是一个
楼梯，同时集货架、存储空间、
衣柜、灯具和游乐场于一体

图5 在二楼底部；楼梯从根本上改变楼上3层空间的关系

伦德的玫瑰

——Innocad 建筑师事务所

格拉茨（奥地利）

图1　墙上浮现的花朵：
"玫瑰"的侧立面，灰泥
装饰的当代诠释

建于18世纪后期，山墙临街的这栋建筑，是该地区现存最古老的建筑，被建筑师命名为"玫瑰"。"伦德的玫瑰"（The Rose am Lend）地处格拉茨（Graz）地区，一个最近经历重要变化的城市区域：10年前因为充斥着妓院和酒吧，被认为是相当暧昧的地区，但如今该地区经历明显改进，2003年彼得·库克（Peter Cook）和科林·富尼耶（Colin Fournier）设计的奢侈艺术博物馆建成，首先触发了这样的变化。

一朵黑玫瑰
一座巴洛克风格住宅的整修和扩建
Innocad建筑师事务所，格拉茨

西蒙内·容
（Simone Jung）

新馆建成引发的创意氛围把格拉茨老城区转变成一个流行和时尚的社区。不过，那里的居民从来源、教育和收入的背景来看，仍然有着丰富多彩的多样性；中产化才刚刚开始。本着旧建筑整修和更新理念，Innocad建筑师事务所尽可能避免引起价格上涨和搬迁：在澳大利亚施蒂里亚州康复计划的帮助下，建筑师与合作伙伴获得该建筑翻新与扩建的资助。业主协会11个合作伙伴的公共资金和成本的分摊，以及出租给第三方单位的租金，保证了经济实惠的置业可能。这意味着社会的多样性得以保留。

后巴洛克风格的老建筑进行了翻修，20世纪初的四合院建筑也已扩建一层，合计3层楼。这样较大的密度保证该项目的经济可行性，住宅数量从5个增加至10个，还可以更好地利用基地。逐个与公寓业主协调后确定室内家具，内庭院的景观设计增加了庭院魅力。街边一楼仍作为零售商店，但鞋店这个长期租户不得不让位给一家家具设计店。

造成立面裂缝，Innocad建筑师事务所与灰泥制造商因此开发出一种首次用于该楼的概念：在黑色灰泥和下面保温层之间添加一种膜的隔离层，防止热应力引起的粉刷层裂缝。除了颗粒处理，均匀的表面因为浮雕般突出的玫瑰花形变得活跃。这些玫瑰花参差交错、大小各异，不同于传统立面装饰，似乎更像一个连续大图案的细部。它们赋予立面一个空间的维度。玫瑰花还以更小的形式出现在别处，比如建筑

项目资料
客户 Golden Nugget Bauträger GmbH
建造成本 980000欧元
使用面积 300平方米
总建筑面积 790平方米
完成时间 2008年9月
项目管理 Oliver Kupfner
地点 格拉茨伦德广场41号，A-8020

修建年份 1780年
```
1000                    2010
```
改建 2009年
```
2000                    2010
```

建造成本　　　每平方米价格
98万欧元　　　1240欧元

```
            15000
            10000
             5000
                0
```

修复前的"玫瑰"及后面的附属建筑

建筑更新的迷人之处在于它的立面：建筑师赋予建筑一个嵌有闪闪发光颗粒的黑色外皮，让它可以根据光线在灰或黑的色调中泛着微光。用在外墙保温系统（EIFS）的黑色灰泥，在夏天可能因为强烈的热量积聚

后立面图和剖面图

相邻建筑物的立面图

平面图

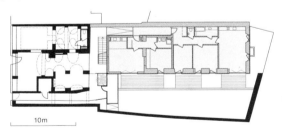

10m

楼梯的内栏杆和阳台铸铁栏杆。除了这些细节，建筑师选择尽可能大的反差美学：让建筑外表皮明显地从周围的城市景观突显出来。

关于玫瑰图案的主题以及建筑物的名称，建筑师指的是巴勒莫（Palermo）的圣·罗萨莉娅（Saint Rosalia），西西里岛最早期一位受人尊敬的圣人。她的金色雕像矗立在伦德广场，凝视着周围的房子。"伦德的玫瑰"左、右两侧都是历史建筑，相比起来它黑色的皮肤似乎有些超现实，但并不陌生；就像传统形式里一个异国情调的幽灵，奇怪的同时提供片刻的沉寂。

图2 建筑庭院一侧
图3 "玫瑰"前面的街道
图4 古老的巴洛克式建筑和后面附楼之间
的"连接处",同时提供两边的入口
图5、图6 扩大后的附楼包含宽敞的公寓
(开放式布局)

期待惊喜
——RKW建筑设计与城市规划事务所的三个案例

既有结构中的建造意味着尽管有许多未知因素，计划还是需要应对许多不可预见的因素。自20世纪80年代初，RKW建筑设计与城市规划事务所的建筑师们在既有建筑的更新中获得不少经验。三个项目——一座宫殿、一个百货公司、一所学校——向我们展示了如何成功构建参与改造的过程。

卡斯滕·曼迪（CARSTEN SAUERBREI）

尽管需要对既有条件进行全面分析和彻底调查，最初的惊喜还是迅速到来：可能是既有承重结构并不健全，防水层被有害物质污染，被忽视的地下室发现有一个仍然值得保留的中世纪拱形酒窖。以上三种情况都是施工过程保留的结果。

"不断更新计划"，RKW建筑设计与城市规划事务所（RKW Architektur + Städtebau）的约翰内斯·林勒（Johannes Ringel）如此称呼这一引向成功的过程：不要拘泥于既有决定，要灵活应对新的情况。既有建筑的施工图纸和文档特别有用，可以避免研究时间拖得过长。但是施工阶段的图纸和记录不一定始终提供可靠的信息，因为真正执行的时候可能偏离记录中的信息，如涉及市政管线的粗化和精确定位，或者是混凝土使用的等级。一个最终的图纸不会显示这些，除非在对建筑随机抽查中，对竣工图所含的这些信息进行补充。以下三个案例展示了如何在实践中"不断更新计划"。

基于调查结果的
施洛斯埃勒城堡规划

施洛斯埃勒城堡（Schloss Eller）是坐落在杜塞尔多夫（Düsseldorf）南部的一座宫殿，是早期新古典主义的实例。它建于1826年，位于一个景观公园的中央，据推测是由建筑大师阿道夫·冯·瓦格德斯（Adlph von Vagedes）设计。这位建筑大师把14世纪护城河的城堡塔楼整合到该建筑中。

修复概念本质追求两个目标：一方面，建筑是为了将来用作举办私人聚会、公司活动和研讨会的场地而进行的整修和现代化；另一方面，是想消除建筑在1970年被笨拙地改建成时装学校时遭受的修建性损伤。在这种情况下，建筑师必须参考旧的施工图纸。然而，在拆除先前加建元素的过程中，他们多次遇到竣工图上未曾出现的历史建筑材料，这使更改当前设计变得可取。在处理埃勒城堡的历史结构时，采取三种不同的基本策略：首先记录和保留隐藏在新元素后面的原有建筑实体；然后重新恢复其原来状态；最后保护和展示这些"发现"的状态，并将其纳入改造后的建筑。

正好不规则——中世纪塔里的新台阶

这些方法的最后一条，尤其用在一个位于建筑中心的中世纪晚期塔上：修复概念设想该塔作为入口的焦点。为了这个目的，一个矩形平面的双向钢楼梯被插入塔架。然而当旧的砖

卡斯滕·曼迪

卡斯滕·曼迪，建筑学学士，1974年出生于柏林。从1995年起，他在柏林、德累斯顿和科特布斯学习城市规划和建筑学。从2000年到2006年，他在波茨坦应用科学大学（FHP）学习建筑学。2007年9月，他在科特布斯勃兰登堡州技术大学（BTU Cottbus）开始建筑教育的硕士课程。自2002年以来，他一直作为自由职业者在柏林和波茨坦从事建筑导游。自2009年9月以来，他是一名自由建筑记者和作家。

石暴露后，许多值得保留的元素也出现了：其中有一个1823年的木结构城墙、哥特式窗口拱门和中世纪垫石地基。该计划必须适应这一新的形势：建筑师最终放弃他们原先刚性钢结构的计划，开发一个奇怪的自由拱形的钢筋混凝土楼梯，以适应既有结构的不规则形式。它的支撑只能插在老建筑墙体材料不会被破坏的位置。为此建筑师不得不把其中一个楼梯平台的荷载反相传递；因为在其周围的墙上没有找到合适的直接承力点，所以这个平台只好从上面悬挂着。

然而由于成本原因，历史状态无法在所有领域完全恢复。在塔上部发现的17世纪原始的黏土石膏，就只能被规划者记录在案，最终被石膏板的保护层所包裹。

对于是否要重建粉刷的装饰层，曾经有过激烈的讨论，这些粉刷装饰在1970年改造中受到损坏，只保留些碎片。本来是可能对这些既有碎片进行整修和补充，但成本较高。因此决定用硅胶模具铸造一段保护片段的模子，为新吊顶制作原来装修风格的精确副本。新的灰泥粉刷比重建便宜约三分之二。更多的细节工作和努力用在朝向阳台的公共空间——王子大厅和露易斯公主沙龙厅的处理上。在王子大厅里，一些灰泥粉刷没有多层漆面，厚度明显减少。在露易斯公主沙龙厅里，历史的胡桃木嵌板完全暴露出来。

图1 ［55页］杜塞尔多夫南部边缘的施洛斯埃勒城堡

图2 插入中世纪塔的新台阶适应既有砖石建筑中的不规则性

图3 露易斯公主沙龙厅的胡桃木镶板没有多层油漆，恢复其原始状态

历史酒窖——不惜任何代价除湿？

最初计划是对拱形酒窖进行防水处理，建在潮湿地基上的地窖位于中世纪塔楼的下方，曾一度是地面层的一部分，1823年因为整个一层楼的填充使水平等级提高。曾经讨论用新的防水地面楼板作为除湿的一种手段，但最终被驳回，因为水可以再次渗透到与周围砖石城墙相连的接缝处；工作量和成本会太高，而且偶尔使用该空间举行正式晚宴和品酒的计划，也没必要彻底干燥墙壁。因此，建筑师决定使用既简单又便宜的选择，他们重新使用交叉通风的老方法。原有窗口的横截面足够大以便通风。这样的设计决策，不仅保护内置材料，也节约了总计六位数的建设成本。与安装在地板上的加热管相结合，外部覆盖着多孔预制混凝土块，水分可以通过定期自然通风带走。盐是预期可风化的——水蒸气扩散后留在墙基部的残留物，未来通过常规刷除可以很容易解决。一口中世纪的井在工作开展的同时被发现，现在保护在玻璃下方提醒人们对原有护城河城堡的记忆。

波茨坦市城市宫殿——讨论，谈判，达成共识

对于波茨坦百货商店Stadtpalais的建设，概括来讲就是把历史文物和建筑元素巧妙地转化成一个全新实体，包括以前建筑的立面和中庭、一个建于1907年的新艺术风格百货商场，以及一个老酒厂和巴洛克式联排别墅的遗迹。事实上，既有结构的复杂性和只有在开始施工后才能完成规划的事实，要求建筑师具备很好的谈判技巧和灵活性。

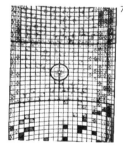

1996年2月的大火标志着波茨坦最重要的百货商场过渡到第二人生。大火和用于扑灭它的水，严重损坏了商场室内。随后的废墟空置七年。建筑师与RKW建筑设计与城市规划事务所的合作伙伴芭芭拉·波辛克（Barbara Possinke），对建筑的修复和经营初步形成两个同样合理的选择，要么作为一个购物商场，要么作为一个经典的百货店。

这两个概念设想保留尽可能多的老建筑结构。根据波辛克所说，对标志性建筑保护中整合保留下来的历史元素已达成很多共识。然而，他们坚决拒绝另一项移动历史内庭的措施。这种干预对商城概念的落实非常必要。最后，客户和未来的租户共同决定百货商店的变化形式，这很幸运，否则的话任何调解的尝试无疑都会失败。

新艺术运动风格法院的修复

对于历史中庭的修复，特别是玻璃屋顶的重建，协商和讨论的程度最为重要。首先，建筑师让标志性建筑保护机构深信，百货商场只有在庭院里修造额外的楼层才可以盈利。然后他们再重建历史玻璃屋顶的颜色和格局。大火幸存下来的旧玻璃窗只有四分之一，尽管被烟尘熏黑和破坏，仍然可以凑起来拼图。玻璃屋顶原来的新艺术运动风格图案，在1920年左右更新为一个简化的装饰艺术设计。建筑师与标志性建筑保护机构一起研究这两个版本，决定重建时间距离更近的一个。重建顶棚镶板的适当玻璃，在与玻璃制造商和标志性建筑保护机构代表合作后落实。照明的问题随后也得以解决，因为白天直接照射的光线被上方建造的玻璃屋顶所遮挡。在这种情况下，经过密集协商后找到一个非常接近原来情况的解决方案。

图4　［55页］从1907年至今，波茨坦Stadtpalais百货商店新艺术运动的历史立面

图5　修复后的老酒厂现在可以容纳加盖的市场大厅

图6　［55页］对于中庭玻璃屋顶的重建，建筑师大约只用原来窗格的25%

图7　［55页］在与标志性建筑保护机构密切合作后恢复的玻璃窗格的纹饰和色彩

建造过程中的施工计划

"在波茨坦项目中，工作第一阶段就采取的规划步骤，一般要持续到施工文件开始，"RKW项目经理扬·彼得·弗劳恩（Jan Pieter Fraune）解释。

"理想情况是在规划阶段一开始就对土地平整回填的基地进行精确调查。"然而在波茨坦，部分建筑正在被拆除，部分被保留，除非拆除工作完成，否则数字化调查不可能完全实施。当然也可以通过钻孔试验来确定相邻建筑的山墙或防火墙位置。但在实践中这样的情况是不能准确解决的，除非保留的建筑构件已经暴露出来。因此，建设规划必须与建造阶段同时进行。

莱比锡的弗朗茨梅林学校
——重拾失去的时间，控制预算

莱比锡的弗朗茨梅林学校（Franz Mehring School）是一所1973年建造的预制混凝土建筑，但旧建筑完全不能适应新的需求。改建成为一所全日制学校需要有多功能用房、礼堂，以及音乐和艺术课程的新房间。计划所需的这些空间都聚集在一栋绿色纤维水泥面板的附楼里。

莱比锡建筑主管部门协助筹备规划工作，它能够提供详细的施工文件，拥有共产主义时代公共建筑整修工程的经验。通过施工文件，在早期阶段就确定有害物质污染的可疑地区。试验表明，这种材料只存在于旧通风管道里：Kamilit，一种岩棉制造的绝缘品，或者更确切地说，煤渣羊毛。这在以前东德非常普遍，需要妥善处理。

客户技术诀窍

关于机棚防火的问题也在客户帮助下很快得以解决。然而，在建造过程中这类问题得出的结论需要被不断验证，因为计划不总是显示真正建成的东西，项目经理扬·菲茨纳（Jan Fitzner）如是说。

这在附楼的基础工作中反映尤为明显。最初挖掘工作发现的地下结构构件和管道，由于没有在任何图纸上标记出来，不得不被拆毁。因此雇来巩固既有基础的承包商未能按照日程完成他的工作。结果导致建造延误和额外费用的增加。

虽然对于此类突发事件，RKW在施工进度上给予额外的时间，但在半年内夺回延迟损失的时间和完成内部装修仍然是一个严重挑战。为了优化和加速建设工作，建筑师每天记录现场工作的进展情况。他们用图表和照片详细记录承办商的表现。这使他们能够有针对性地精心部署和控制材料和人力。通过节省材料，预算也最终控制在规定范围内。

创造性地处理既有建筑的限制条件需要技术。首先，建筑师希望从内部去掉整个承重墙以创造大型相连的空间。但是结构分析结果表明，去除整个墙体会损害建筑的承重能力。因此决定在新开口两侧保留小部分墙壁。由此产生的空间和最初设想的使用范围差不多。

新机械设备和现代化电气系统的整合需要相当的技巧，要在只有10厘米厚的内墙里进行烟雾探测器、电源插座及管道的安装。管线要尽可能移至地板和顶棚里进行布设。在无法实现的地方，建筑师只有把它们合并到尽可能少的管道里。例如楼道灯的电线，通过电缆线槽接到教室，沿着隔墙和顶棚接到走廊顶棚的下方。沿着走廊一侧的灯光突显柱子与梁的一贯节奏——沿着一侧灯具的安装衍生出一个颇受欢迎的副产品。

图8　最终的设计允许保留新艺术风格庭院，在它上面加建一个额外的楼层

图9　附楼的挖掘工作，发现未有记载的地下结构

图10　在石膏下无法安装新的供应线时，只有把它们捆绑在一起放置在几根管道内

图11　整修后的空间序列：新开口把教室直接相连

弗朗茨梅林学校
——RKW 建筑设计与城市规划事务所

1

莱比锡（德国）
教育——95、98、108、152页

图1 绿色和紧凑：附楼为一所全日制学校在其新角色里所需要的一切提供足够空间

图2 纤维水泥板外墙立面的特写

图3 沐浴在阳光里的新楼室内落地窗

图4 白色上的白色：改建后带新网状遮阳板的学校后立面

莱比锡南部的弗朗茨梅林小学建于 1973 年，是那个年代使用大型预制结构板、体量细长建筑的典型。该项目的主要目标，除了将来用作一所全日制学校以外，就是修复既有建筑。它要为小学四年级班级创造空间，包括他们以前缺乏的礼堂、音乐室和艺术房间。现有入口情况有待改进，需要增加无障碍设施。

2005 年，RKW建筑设计与城市规划事务所的建筑师说服竞赛评委团不用单独建一个新建筑，而是直接通过扩建既有建筑来容纳额外的空间和功能。这个概念通

平衡与抗衡

弗朗茨梅林学校的修复与扩建，莱比锡
RKW建筑设计与城市规划事务所

过一栋绿色纤维水泥板的四层附楼最终得以实现。他们的设计在如何处理可用空间上特别令人信服：建筑后面的校园操场保留原有大小尺寸。因为延长老建筑的主要走廊，校内流通路线达到了最小化。一个新的通风良好的大厅加建在主要入口前。新空间可以进一步细分和灵活使用。

随着扩建，旧建筑得到全面修复：外墙增加保温隔热，南立面安装灵活的综合遮阳以达到EnEV（节能条例）夏季隔热要求。窗户立面纵向排列的鲜艳饰条为横向可开启窗户增添韵律，强化这些窗口的带状图案。

不应该误解这种把色彩鲜绿的附楼直接放置在外表朴素的主立面

出于同样的原因，主楼和附楼之间肯定希望能形成对比：一个垂直结构的建筑加建到功能性很强的长方形体量的学校建筑上。凭借其圆润边角和不对称，以及略呈楔形的平面，附楼显得更加有机和个性化，因而赋予整体更多元化的表达。

学校的改建也是社会变革的一种体现：教室呈纵向布置，教员室和附属空间围绕着主要交通空间成组设置，以前这种建筑空间组织突出的是功能性。新的教育目标扩展学校的任务，特别是全国范围发展趋势下的全日制学校，不仅仅只是传输知识。因此，扩建部分除了

项目资料
客户　莱比锡城市，建筑主管部门
建造成本　380 万欧元
使用面积　约2800平方米
总建筑面积　4980平方米
总体量　17450立方米
完成时间　2009年7月
项目管理/团队　Norbert Hippler, Jan Fitzner
地点　Gletschersteinstraβe 9, 莱比锡 D–04229
修建年份　1973年

1000　　　　　　　2010

改建　2009 年

2000　　　　　　　2010

建造成本　　　　**每平方米价格**
380 万欧元　　　　1357欧元

扩建学校的总平面图

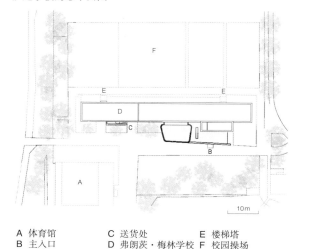

10m

A　体育馆　　　　C　送货处　　　　E　楼梯塔
B　主入口　　　　D　弗朗茨·梅林学校　F　校园操场

之前的想法。毕竟，新的附楼没有无视既有建筑，而是进一步发展它：主导立面的横向主题在底层体现最为明显，其墙板横向地从广阔的山墙端部拉伸出来。灰泥粉刷层上刻着学校的名字，Plattenbau这种大型预制混凝土住宅墙面厚实的特点，立刻吸引了大众眼球，从而拥有自己与附楼不同的独特性。

课后服务中心，还包括礼堂、艺术和音乐室，今天音乐学科也安置在扩建部分。

附楼外表皮包含两个定制颜色的纤维水泥板。选择两个鲜绿色调的灵感来自壁虎的皮肤。建筑里面也使用了强烈的色彩，但建筑师避免像某些同行一样，借对儿童友好建筑为名义，对托儿所和学校使用一些夸张而随性的"快乐"颜色。

二合一　　从规范化学校建筑到功能上扩展新设施

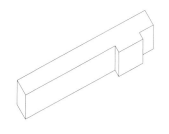
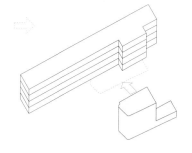
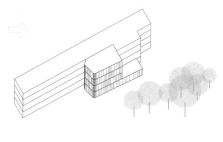

图5　教室相互连接给较小的组团授课创造良好的条件
图6　礼堂和多功能厅的前景是舞台
图7　既有建筑加宽的走廊
图8　翻新的主楼梯

凯萨阿尔贝蒂尼

——汉斯－约尔格·鲁赫建筑师

楚奥茨（瑞士）
旧住宅

从干草棚到艺术之家

瑞士恩加丁村一间农舍的改造

汉斯－约尔格·鲁赫建筑师，圣莫里茨（St. Moritz）

西蒙内·容

恩加丁住宅（Engadine houses）在高山建筑传统里具有特殊意义。16世纪到18世纪，它是瑞士恩加丁地区唯一可以考证的建筑类型。其大胆的石墙形体，赋予当地村庄一个城市的形象。除了庄严的风格，其生活和工作部分在结构和功能上的紧密联合也是一个关键特征：恩加丁农舍之所以不同于其他农村、农庄的单体建筑物，是因为它对阳台和庭院这些以前的外部空间进行整合：庭院用作内部街道。底层的苏勒尔（sulèr）通往谷仓，较低层的庭院（cuort）通往马厩——所有这些通道都使这种建筑类型显得独一无二。

在今天的格劳宾登州（Grisons），这个传统建筑不仅因为拆除和衰落，同时也因为房产中介而面临危险：一旦迷人的老房子具有公认的潜力，它们被改建为多家庭住宅或酒店的几率就会增加。像大厅（sulèr）或庭院（cuort）这样的大空间再进行细分，如stüva（客厅）、chambra（卧室）或chadafö（厨房）这样的传统房间将脱离其传统背景，改建成个人公寓。在这个过程中，房子的文化价值就会丢失。

有一个人已经认识到传统民居的价值，他就是瑞士建筑师汉斯－约尔格·鲁赫（Hans-Jörg Ruch），他于1974年搬到恩加丁山谷，迷上该地区的典型建筑。受到建筑遗产热情的鼓舞，建筑师怀着巨大的尊重对十几所近百年历史的农民和贵族的老房子进行改造。在他看来，既有结构的改造设计意味着探索建筑可感知的原始本质。经过深入的考古研究，鲁赫巧妙地放置新元素与既有建筑形成对比，同时在此过程中不破坏旧结构的完整性。结果是新建筑从属于老建筑。新的空间明显作为附加部分插入其中，但经过修改以符合现代生活习惯，并且尽可能保持隐蔽。

位于楚奥茨（Zuoz）中部的凯萨阿尔贝蒂尼（Chesa Albertini）案例，最初从一排三个房子开始。斯瓦比亚战争（1499年）之前，建筑的核心是一个双塔结构。凯萨阿尔贝蒂尼立面是典型的恩加丁地区农村房屋特征：巨石外墙上不规则排列着深深凹进的窗口，尺寸和形状各异。

2006年，汉斯－约尔格·鲁赫将凯萨阿尔贝蒂尼改建成住宅和画廊。最底层的大空间（sulèr）和干草棚在空间序列上保持不变，用作展览空间。楼上用作住宿。洗手间设施清晰可辨，新元素补充老木头房间的序列，它们插入楼上一层，就像在17世纪初房子里的房子。在这里，鲁赫坚持实现自己"新服从旧"的理念，他决定不把木房间改成浴室，因为这样做会贬低既有架构。浴室于是合并进一个白色立方体，被安放在三间木制卧室的旁边。

出于结构原因，同时为了清楚地把住宅从画廊里分离——干草墙壁一直延伸至屋顶。画廊需要一个新的纯粹几何结构，这个东西作为独立元素插入到既有建筑里，从而方便日后拆除。

鲁赫引入的现代材料，如裸露的铸铁散热器，自然地安装在深色的木板和弯曲的石墙之间。除了展览空间选中加强的水泥地面，所有的地板均采用石灰砂浆或实心的落叶松木。房间和走廊的旧木材仅用弱碱液清理。在新老之间没有对立，只有审美的统一性。光线在凯萨阿尔贝蒂尼属于非物质设计元素。不应用灯具干扰空间效果，所以在墙壁和顶棚安装的都是简单的工业射灯。除了欣赏艺术，在凯萨阿尔贝蒂尼，你可以在超过百年历史的恩加丁住宅中体会到令人难忘的氛围，这种氛围是鲁赫通过对所有楼层的逐一分辨发掘出来的。他总结自己的立场如下："我对老建筑的空间体验非常感兴趣，我寻求用我的干预来重振那些特别的地方。"

项目资料
客户　Monica De Cardenas
建造成本　不详
使用面积　约500平方米
总建筑面积　约550平方米
总体量　约2500立方米
完成时间　2006年
项目管理　Hans-Jörg Ruch, Peter Lacher
地点　Via Maistra 41, CH-7524, Zuoz

修建年份　1499年
1000　　　　　　　　　　2010

改建　2006年
2000　　　　　　　　　　2010

改造后的房屋剖面图

底层平面图

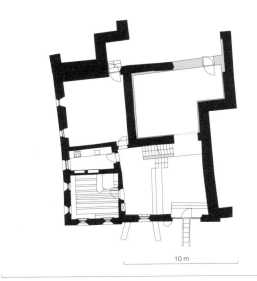

图1　楚奥茨镇中心的凯萨阿尔贝蒂尼

图2　锥状的窗口凹槽立面

图3　庭院（the cuort）：面向街道的景观

图4、图5　位于以前干草棚里的展览空间

图6　通往上一层的楼梯

图7　楼上一层的木房间
图8　从大空间（sulèr）朝向客厅
（stüva）和厨房（chadafö）的景观
图9　客厅（stüva）角落的火炉，框
架用有百年历史的老木材建造

变形

变形（源于拉丁文前置语"trans"，表示"穿过"，"forma"表示"形式"）是指外观、形状或结构上的变化：变化涵盖建筑物全部，消解新与旧之间清晰的边界线。建筑物质上的更新往往比扩建更微妙，也更深远。既有建筑以一种综合的方式进行新的诠释，由此导致完全不同的结果：在斯图加特大学的K II楼，在魏恩施塔特市政厅的整修中，20世纪60年代的建筑背景几乎保持不变；建筑师强调既有建筑的优势，并升级建筑以符合更高的技术标准。相比之下，在巴特赖兴哈尔的国家储蓄所和维尔道的学术机构案例中，建筑师已经认识到物质实体结构确实值得保留，但不仅仅只是它的建筑外观——因此他们对建筑物进行全面整修。

海关大楼

——安藤忠雄建筑师事务所

威尼斯（意大利）
旧仓库——22、178页
新博物馆——32、38、42、161、178页

岛尖端的艺术

威尼斯海关大厅改建为博物馆

安藤忠雄建筑师事务所

克劳迪娅·希尔德纳
（Claudia Hildner）

旧海关办公楼，Punta della Dogana，占据咸水湖城市的突出位置：位于多尔索杜罗区（Dorsoduro）一个小岛的角上，两边是大运河（Canal Grande）和德拉德卡运河（Canale della Giudecca），斜对面是圣马可广场（Piazza San Marco）。这个空置了几十年的17世纪建筑，过去吸引了无数投资者的兴趣；然而要把它改建为酒店或公寓必然会带来一些变化，不能为城市和它的居民所接受。

最终，弗朗索瓦·皮诺（François Pinault），法国亿万富翁和艺术收藏家，把它改建成当代艺术博物馆的想法，赢得了威尼斯人同意。

新"艺术圣殿"的建筑风格是安藤忠雄建筑师事务所的心血结晶。委托一位日本建筑师来改造一座超过300年历史的欧式建筑需要一定的勇气：改造项目在日本并不常见，更不用说改造一个这么古老的既有建筑。然而，安藤用一种惊人敏感的方式成功地更新了前海关大楼。他很快便作出决定大楼外观保持不变——不仅仅因为城市管理局的严格要求。灰泥粉饰的外墙砖被精心修复，在必要的地方用不锈钢锚拴牢。灰泥上的轻微瑕疵被修补，确保砖在剥落面积较大的地区可见。

建筑内部相互平行的矩形大厅以及三角形平面的区域，被波浪状的山墙系列屋顶所覆盖。建筑师在修复后的木屋顶结构上方设置新的屋顶，可以让人联想到原来的屋顶，但实际上集成了更多的天窗。

在室内，首先从这个历经两个世纪的空间中去除了所有的隔墙、楼梯以及其他附加的部分，只保留原始结构。墙面在最大程度上得以保留，只有建筑师认为绝对必要时，才会取代缺失的砖，而且取代的砖要尽可能地接近原有砖的特性。

然而新插入的结构构件与既有结构形成鲜明对比：安藤在这里采用他标志性的材料——瓷器般抛光的清水混凝土以及钢和玻璃元素。根据不同楼层和建筑部位，地面采用清水混凝土或铺上油毡。光滑的表面与历史建筑里不规则的砖墙以及粗糙的木横梁形成对比。由于新老元素保持平衡，既有架构和新的建设不会彼此竞争。相反，它们形成一个新实体——博物馆。对于安藤，这样的联盟象征着过去、现在和未来的结合：外壳代表过去，他的建筑代表现在，而艺术则是一种存在的超越。

在海关大楼的中心，建筑师放置一个开口向上的混凝土立方体，标记着这里是以前整修时隔墙被拆除的地方。在这种情况下，不是复原原来的结构，安藤在建筑里以立方体的形式赋予新的中心。对于这个中心展览空间的地板，日本建筑师选择了一种方砖，一种威尼斯传统用于铺路的大尺寸面砂岩板。

最后，顺便说一句，安藤不得不舍弃他设计的一个元素：在面向安康圣母圣殿所在位置的入口前，安藤本想放置两个混凝土石柱，以引起对于改造地址及其新内容的关注。然而，威尼斯人反对它，因此使用新的外部标志未能实现。

项目资料
客户   Palazzo Grassi S.p.A.
建造成本   2000万欧元
使用面积   约3500平方米（净）
总建筑面积   4331平方米
建成时间   2009年5月
项目管理/团队   安藤忠雄、冈野哉、义林、竹内诚一郎
合作伙伴   Equilibri Srl，Eugenio Tranquilli（项目经理）
地点   Dorsoduro, Campo della Salute, 2, I-30123 Venice

修建年份   1500年

1000   2010

改建   2007~2009年

2000   2010

建造成本   每平方米价格
2000万欧元   5714欧元

15000
10000
5000
0

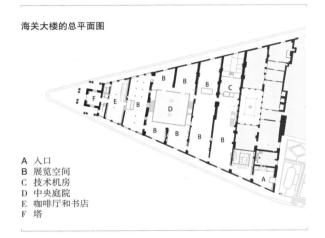

海关大楼的总平面图

A   入口
B   展览空间
C   技术机房
D   中央庭院
E   咖啡厅和书店
F   塔

改建后海关大楼的剖面图

F   E   B   D   B   B   A   10m

2

3

4

图1　由安藤忠雄为弗朗索瓦·皮诺艺
术收藏品改建的前威尼斯海关大楼的
大厅又长又高
图2、图4　安藤谨慎地插入一个光滑
的正方形清水混凝土块
图3　改造前的情况

图5　在楼上一层看威尼斯救主堂（Il Redentore）的景象
图6　大运河流经建于1678年至1682年的海关大楼（Dogana da Mar），并进入开放的咸水湖。大力神阿特拉斯（Atlas）背负地球的形象曾经强调的就是威尼斯共和国霸权的主张

罗西奥火车站

——英国BM建筑设计公司

图1　1887年后的现代主义：主要大厅屋顶纤细的钢桁架
图2　从门厅朝轨道方向的景观
图3、图5　自动扶梯把高起的车站大堂与地面层前厅相连接
图4　在改造过程中形成3000平方米的办公空间。画廊优化了空间的使用

短途车站

罗西奥车站整修，里斯本

英国BM建筑设计公司，伦敦

列车从里斯本罗西奥火车站（Rossio Station）出发，开往一个距离首都不远的小镇－辛特拉（Sintra），那里发现了葡萄牙国王的宏伟夏宫。

车站楼距离下城区拜沙（Baixa）热闹的商业区仅几步之遥，是里斯本最中央的火车站，也是欧洲最美丽的一个！1887年，建筑师若泽·路易斯·蒙泰罗（José Luís Monteiro）为葡萄牙皇家铁路公司建造了一个有着新曼努埃尔风格的火车站。天然石材外立面纹饰精致，入口处有两个显著的马蹄形装饰引人注目，主宰着面向罗西奥广场上的基座。火车月台层比街道出口高出近30米以上。自动扶梯和坡道系统解决了不同的高差。

一排130米宽，看似没有尽头的铁柱子穿过车站大堂。其优雅的支撑结构保留着原始形式；火车消失在大厅端头一条长长的隧道里。

2004年在车站大楼和相邻的铁路隧道被发现遭受严重损害后，总部设在伦敦的英国BM建筑设计公司（Broadway Malyan），接受委托对具有标志性地位的火车站大楼进行整修。火车站上次改造是在1976年，为了使零售商店和电影院融入建筑，插入了几个中间层，但没有和既有结构或实体相连。火车站里面变得平淡无奇，迷宫一般。始于2004年的整修工程，目标就是要夺回历史火车站的宏伟壮观，恢复其干净、宽敞的结构。此外，邻近漂亮的

项目资料
客户　Invesfer Refer
建造成本　4000万欧元
使用面积　约7600平方米
总建筑面积　8400平方米
特点　葡萄牙杂志举行的2008年最佳修复类建筑竞赛获奖作品
建成时间　2008年2月
项目管理　英国BM建筑设计公司里斯本办公室；（Sofia Carrelhas）
地点　里斯本Praça de Dom Pedro IV，P-1100

修建年份　1887年

| 1000 | | 2010 |

改建　2006~2008年

| 2000 | | 2010 |

建造成本　　　　每平方米价格
4000万欧元　　　5000欧元

	15000
	10000
	5000
	0

Largo do Duque de Cadaval，曾是一个没有管理的停车场，现被重新设计为一个禁止车行的城市广场。舒适度得到改善的同时，也为旅行者创造欢迎的氛围，而不仅仅只是在火车站台和邻近酒店地铁站之间插入的一个直接联系。

火车站有一个总面积达3000平方米的办公空间和1000平方米的零售和餐饮空间，所有这些都协调一致地整合在历史背景内。站台附近的等候区里（地面二层以

改造前的罗西奥阴沉而凌乱

上），整合出一个1000平方米的展览场地。浅色石灰石立面上精致的装饰和大厅里幸存的铸铁窗框都被精心翻修。

建筑师面临的挑战，是尽可能在罗西奥广场和光复广场（Praça dos Restauradores）入口，与列车两个平台之间，直接建构一个有吸引力的垂直连接。自动扶梯的一侧墙被设计成垂直交错的金属曲线。其波浪外形使朴素的楼梯变得活泼。除了自动扶梯，一系列楼梯和台阶平面把大堂与它周围环境相连。这两个因素从视觉和空间上把城市和火车站连接起来。由英国BM建筑设计公司对罗西奥火车站进行的修复和改造的简洁度，以及集中在有限范围的必要和有效的干预措施令人信服。夜幕降临，当新安装的外部照明有效地照亮曼努埃尔式盛况时，你会意识到该站的确是为国王而建的。辛特拉宫殿的游览已经有了一个当之无愧的开始。FPJ

大堂及侧入口的剖面图

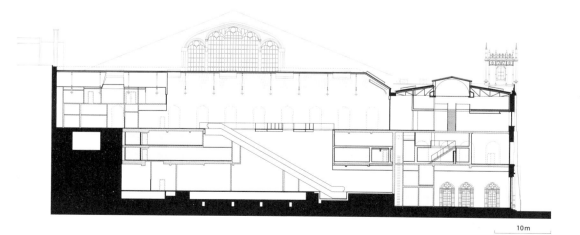

10m

75

图6 光线充足和通风的走道：入口大厅
图7~图9 相邻的公共广场与火车站一起被整修——现在不允许停车
图10 新曼努埃尔风格带钟塔的临街立面

贝希特斯加登
国家储蓄所
——博尔温·伍尔夫建筑师事务所

巴特赖兴哈尔（德国）
银行
办公室——72、116、132页

1

图1　改建后的总体景观
图2　内部庭院，办公室的景观
图3、图5　银行客户空间：入口、咨询处和首层的自助服务终端机
图4　代替不再需要的楼梯，缔造一个微型制盐塔来改善建筑室内环境

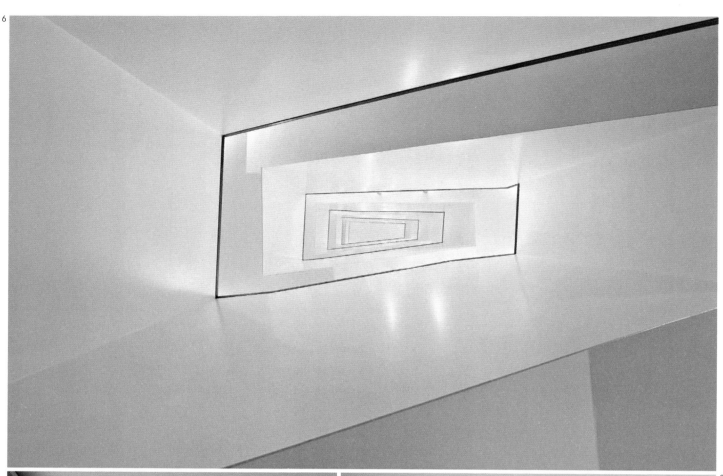

图6　楼梯改造
图7、图9　玫瑰色、白色和红色：盐的颜色也主导办公楼层
图8　改造后的顶层作为活动场地

盐的色彩

巴特赖兴哈尔的贝希特斯加登
国家储蓄所改建和能效提升

博尔温·伍尔夫建筑师事务所，柏林
（Bolwin Wulf Architekten）

贝希特斯加登国家储蓄所（Sparkasse Berchtesgadener Land）中央办公室的改建是金融机构2006年举行的一次竞赛的结果。除结构性翻新，竞赛大纲要求重组老化的主楼，可以将工作在各自建筑里的235名员工，重归一个屋檐下工作。

建筑师在设计上采用"继续建设"的策略：这个20世纪70年代建筑的持续使用与其外观的"剥皮"处理，传达了资源的可持续性意识，特别是该建筑的基本结构具有优秀品质。因此，即使是轻微地干预建筑结构，都会造成很大影响：立面上原有的遮阳板阻挡内外景观，所以被去除；承重梁的端部暴露出来，顶部直接放置横向预应力混凝土板。承重梁与所有的楼层落地玻璃相组合，赋予改造建筑明显的结构清晰

性。结果是遮阳系统非常简单，确保最大的透明度和公开性。楼板从立面向外悬挑出1.2~1.5米，可以为行人遮风避雨，同时也与巴特赖兴哈尔（Bad Reichenhall）当地历史盐场建筑典型构件飞檐相呼应。

当建筑最初建成时，银行、商业和居住空间功能混合的简单分配，与相对复杂的入口深受欢迎。这使入口立面的两部楼梯显得多余。于是建筑师在楼梯那里沿着建筑整个高度建了一个涓涓水墙，与附近温泉公园的小制盐塔相呼应的储蓄所小制盐塔为办公楼层提供健康的蒸发冷却，提醒人们不要忘记传统水疗中心和巴特赖兴哈尔重要的盐生产工艺。

建筑使用地下水进行冷却和加热：地热井将恒温的地下水运送到技术用房。水在夏季用于冷却，冬天则通过热泵提供暖气。空间的加热或冷却，根据需要通过集成到吊顶的毛细管系统进行；单个额外热量则通过小型暖气片提供。通过安装热泵系统，提高建筑围护结构能效，建筑的净能源需求减少约80%以上，因此每年二氧化碳排放量也降低大约300000千克。

建筑室内改造非常简洁、优雅和清新。所有空间都比以前明亮许多倍。盐对巴特赖兴哈尔影响深远，这里的亮度和清新主要源自另一个建筑师对盐的引用：粉红色、紫色和红色，三种不同色调的颜色系统在建筑里随处可见，家具色彩源自盐的天然色彩光谱。每层楼都有不同颜色的重点照明，因此盐的主题在晚上更加明显。

各层楼多余的内置构件都被去除。釉面组合式办公室主导每层楼的办公改建。宽敞的核心区容纳会议区、厨房和所有核心职能，设施条件好，适合各种既定和随意的交流活动。几乎所有安装在内的东西都是专门定制的。

底楼的新客户大厅和自助服务区域明亮而开放；两个凹进的内部庭院为建筑室内提供采光。最上面一层也进行改组，现有一个大的分区会议和公共活动房间。宽敞的屋顶露台和极美的山景，无疑给许多来储蓄所参观的游客们留下深刻印象。FPJ

改建后的建筑剖面图

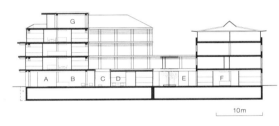

A 入口   D 客户咨询   G 教室、会议室
B 大堂   E 内部庭院
C 天井   F 结合区

隔热概念的构件

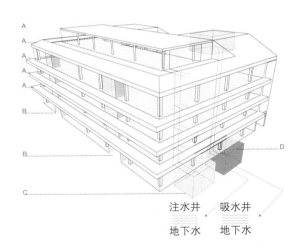

注水井   吸水井
地下水   地下水

A 加热或冷却的热感顶棚，用传统的暖气片辅助
B 用于内部区域和员工厨房的自然绝热冷却的滴水墙
C 燃气冷凝式锅炉提供峰值荷载
D 用于加热或冷却热感表面的热泵

项目资料

客户 贝希特斯加登国家储蓄所
建造成本 1130万欧元（建筑主体：620万欧元；设备240万欧元）
使用面积 6510平方米
总建筑面积 7230平方米+地下室/车库
总体积 29000立方米+地下室/车库
特点 建筑师在庭院一侧插入一个小的制盐塔替代楼梯，保证健康的室内空气以自然的方式通过矿泉水进行蒸发冷却。悬臂板结构形成的遮阳，获得多个奖项，包括巴伐利亚Bauherrenpreis 2009年市区重建奖项。
建成时间 2008年7月
项目管理 Hanns-Peter Wulf
地点 巴特赖兴哈尔Bahnhof大街17号，D-83435

修建年份 1975年

1000   2010

改建 2008年

2000   2010
建造成本   **每平方米价格**
1130万欧元   **3057欧元**

魏恩施塔特市政厅

——海岸办公建筑

魏恩施塔特（德国）
市政厅

1

魏恩施塔特市政厅（Wei-nstadt Town Hall）建于1964年。古色古香的铜立面和多边形屋顶的六方体附楼，是这个自然光线充足的两层楼高建筑的主要特征。虽然历史久远，技术已经过时，但它的建筑品质毋庸置疑。因而此次整修目的，除了提高能效和技术服务，首先是空间重组，以适应建筑功能的改变，并把它的优势展示出来。

该镇打算在魏恩施塔特－博特斯巴赫镇（Weinstadt-Beutelsbach）市政厅里建一个中央市民办公室，对所有五个魏恩施塔特区开放，同时重新设计办公室、会议室及婚礼举行的房间。新布局对于传达开放性和回应公众非常重要。

20世纪60年代的少许颜色

魏恩施塔特－博特斯巴赫镇
市政厅改建和整修
海岸办公建筑，斯图加特
（Coast Office Architecture）

重新设计的门厅需要几个元素来给参观者以清晰的方向。曾经阴暗的等候区，现在是一个开放的充满阳光的大厅。建筑师用通高的玻璃墙取代此前区分等候区与办公室的橱柜元素。这样一来，出口和办公区之间视线就相通了，而且门厅可以接受来自两边的阳光。发光天棚取代先前的深色木制顶棚，让空间显得更加宽敞。前台采取定制的壁柜。桑葚色吸声板唤起人们对另外一边办公室区域的关注，创造一个优美的白色和灰色调对比的朴素氛围。

大厅里宽阔的楼梯和新电梯将参观者引向楼上的行政区域。在这里，白色的顶棚替代以前的深色木头；连同无烟煤色的地板给空间以更宽阔的感觉。拓宽的走廊现在不仅仅是一个交通空间。沿着墙顶安装的轨道和顶棚上的凹嵌灯，允许其将来可以用作当代艺术展览。

礼堂大厅的特点是六角形平面和多边形尖头屋顶。非同寻常的空间效果在建筑理念上的出发点是强化既有元素

的影响：新的白色吸声顶棚使这个以前贴着木板的空间显得相当高。凹进的灯光沿着顶棚折角位置水平线条运行，主导着整修后的会议室，强调空间的宽敞并确保照明均匀。

以前财政部办公室隔墙的拆除，为创造一个连续的大空间带来机会，这个壮观的礼仪式空间可用作举行民事婚礼、会议和各种活动。

项目资料
客户　魏恩施塔特市政府，由建筑主管部门代表
建造成本　250万欧元
主要使用面积　1300平方米
总建筑面积　1890平方米
总体积　6000立方米
建成时间　2006年（第一阶段）/2009年（第二阶段）
项目管理　Alexander Wendlik
地点　魏恩施塔特－博特斯巴赫镇Marktplatz 1号，D–71384

修建年份　1964年
1000 —————————— 2010

改建　2009年
2000 —————————— 2010

建造成本　　　每平方米价格
250万欧元　　　1923欧元

15000
10000
5000
0

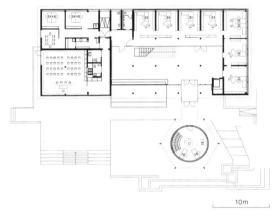

底层平面图

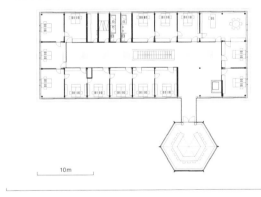

二层平面图

10m

新的婚礼大厅通过新设计的前院室外楼梯到达。其他辅助功能房间——如储藏室、洗手间和衣帽间，都集中在一个白色固定装饰的高大房间内——室内轮廓由灯光凹进去的线条所强调。婚房的象牙和香槟的色调与白色婚礼相吻合，质地优良的环绕式窗帘架限定了实际空间。长短不一和透明程度不同的窗帘，营造出一个同样温馨与正式的民事婚礼仪式。

尽管如此，多功能区域也很容易根据日常使用重新安排：拉开白色窗帘就诞生了一个适合各种类型活动的宽敞的开放空间。不管用于什么场合，窗帘都能够实现隐私所需的不同程度。

整修前的市政厅门厅

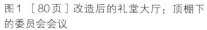

图1 ［80页］改造后的礼堂大厅：顶棚下的委员会会议

图2 改造后的市政厅全貌

图3 市民信息办公室的工作场所

图4、图5 改造后的市政厅门厅

图6、图7 魏恩施塔特市的白色婚礼：新的婚礼仪式房间也可用于其他喜庆场合

赫瑞德住宅

——阿德里安·施特赖希建筑师事务所

苏黎世（瑞士）

图1 整修后的外观：建筑交错形式的简朴魅力维持不变
图2、图3 建筑工人全高度轮廓肖像被替换成孩子们玩耍的像素照片

4

5

6

图4、图6　经过增大的阳台的橙
色窗帘在租户中非常流行，非常
适合弧形阳台

图5　蜿蜒的建筑南侧

赫瑞德住宅（Heuried Residential Complex）是建筑师彼得·莱曼（Peter Leemann）和克洛德·帕亚尔（Claude Paillard）在1972~1975年间设计建造的。该建筑群包括两栋七层楼高建筑，以那个时代典型的交错方式排列，共同围合一个开口向南的室外空间。既有建筑在其他方面也体现出20世纪70年代的精神：恩斯特·克拉默（Ernst Cramer）设计的自由有机景观在这些呈直角后退的大规模建筑形式之间环绕、流动。

2002年，建筑师阿德里安·施特赖希（Adrian Streich）接受苏黎世市的委托，对住宅整修进行研究。尽管这组建筑的公众形象有些朴素，施特赖希意识到它所具有的整齐品质——它们的形状、弯曲排列的体量以及差异化的颜色。由埃迪·布伦纳（Edy Brunner）和卡尔·施

披上新衣的20世纪 70年代旧建筑

苏黎世住宅的整修和变化

阿德里安·施特赖希建筑师事务所，苏黎世

耐德（Karl Schneider）在室外空间设计的艺术元素仍然是那个时代的典型：儿童游乐对象受欧普艺术（Op Art）影响——丰富多彩的轮船、院子里棒棒糖般的水泥柱、明亮色彩瓷砖上的喷泉以及覆盖整个外墙高度的建筑工人画像。这些元素赋予大规模建筑物的可识别性。

建筑师的目的是在建筑整修过程中避免放弃这些与建筑、艺术及室外设计紧密相关的特征。

能效升级把建筑围护结构的传热系数U值从原本的1.1瓦特/平方米开尔文（W/m²K），改进到现在的0.25~0.20瓦特/平方米开尔文。但是在修复建筑立面过程中，不得不放弃20世纪70年代的工人画像。与此同时，建筑师决定把立面与新阳台相结合，赋予这些沉重的建筑群一个充满活力和优雅的新外观。这提供了一个把"软"的东西添加到大型、蜿蜒、成角度建筑上的机会。设计者认为把这种长长交错排列的正面变成连续的波浪，对大型建筑在必要规模上的可塑性操控而言，是一个绝佳的机会。因为结构原因（连续板的负弯矩），建筑师保留既有阳台连续的现浇混凝土楼板，但拆掉旧阳台的护栏和三分之一的既有平板。扩展板所需的模板必须精确排列以匹配既有平板的接头样式。放置新弯曲护栏构件的模板与既有板浇铸成整体。扩大的阳台无缝地整合到新的立面上，形成沿着整个运动发展方向的波浪式形象。

与原有优美立面壮观的脸部轮廓相同，规模庞大的被分解成点状要素的三个孩子玩耍的新图像，放在了朝向Talwiesen街一侧的立面上。随着观察者越走越近，图像外观逐渐放大，从写实具象转变为具体艺术。壁画基于艺术家朱迪思·埃尔米热（Judith Elmiger）孩子们的照片。扫描的照片导入CAD程序被描绘成各个点。基于矢量的绘图发送到刻字机，生产出1.1米高、6米长的粘结膜条。这些模板被一块一块贴到粉刷墙面上，圆的"像素洞口"被喷上红漆，然后将塑料膜去除。

朱迪思·埃尔米热的图形壁画和借助扩大阳台重塑的波浪形外墙，有助于向周围的邻居敞开这个以前性格内向的建筑。两个巨大的突出屋顶延伸到街道，强调这种转变。

类似于20世纪70年代的设计，新的色彩概念依赖大胆颜色：暗棕色与蓝白色，明亮的橙色和波西米亚浅绿形成对比。矿物类颜料朴实、自然的色彩受山地景观色彩灵感的激励。这些色彩将高度人工化的建筑塑造成人造山脉，与相似的颜色占主导地位的邻里建立起联系。

项目资料
客户 苏黎世市
建造成本 约2900万瑞士法郎（建筑）约3400万瑞士法郎（外墙工程）
总建筑面积 35930平方米
使用面积 12563平方米
特点 能源概念按照MINERGIE标准认证
建成时间 2006年
景观建筑师 Manoa Landschaftsarchitekten GmbH, Meilen
地点 苏黎世 Höfliweg2-22，CH-8055

修建年份 1972年

1000 ———————— 2010

改建 2004~2006年

2000 ———————— 2010

建造成本 **每平方米价格**
约2180万欧元 1736欧元

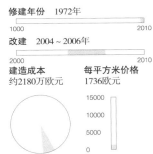

住宅地产的总平面图

50 m

扩大后阳台的平面图

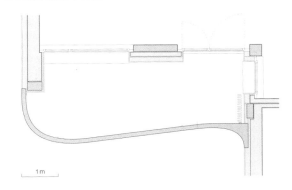

1 m

从Höfliweg看到的景观

10m

SALBKE 的 "书签"

——德国卡罗建筑师事务所

马格德堡（德国）
旧空地 ——32 页
新城市广场

图1　绿色生活：座椅、书架，
和草坪上的地毯——马格德堡
（Magdeburg）市郊的Salbke区
的 "书签" 邀请人们来停歇片刻

图2　开放式塔楼作为小型露天舞台
的屋顶，界定朝向交叉路口的基地
图3　在施工开始前，KARO*的建
筑师用空啤酒箱为居民模拟出规划
的建筑
图4、图5　"书签"从其长期被忽视
的城市环境中脱颖而出
图6　Salbke区的青少年被允许沿着
基地涂鸦，标志结构的完成

Salbke区的"书签"是一个令人惊讶的成功故事：该项目本身很普通，但是由于它具有成为典范的潜力，同时因为它证明建筑的确可以有效地重新定义场所和提供可识别性，完成后马上成为建筑出版社的宠儿。Salbke区的居民热情地接受了这个他们帮助参与设计的Lesezeichen（意为"书签"）。正方形状的建筑位于主干道附近的交叉口，在1987年被烧毁的公立图书馆的旧址上。

随着两德统一后的突然后工业化，Salbke区，这个从前的村庄现已并入马格德堡，经历了20世纪90年代初的

霍顿瓷砖的示意图及其支撑结构

空缺和破损的大幅衰退。建筑师斯特凡·雷迪奇（Stefan Rettich）描述最初的情况："当我们开始工作时，我们发现邻里中心几乎完全废弃了"。自Salbke区改建以来，市政几乎没有投资过，也许是内疚造成他们委托德国卡罗建筑师事务所（KARO* Architekten）同网络设计公司（Architektur+ Netzwerk）一起工作。

这个事务所精通城市改造，接受过众多废弃基地形象更新理念开发任务。该任务要在很少的预算下，展示这些地方具有举办富有表现力的临时活动的可能性。第一个项目名为Wasserzeichen，意思是"水印"。在离易北河岸边不远处的一块空地上铺设沙子，升起彩旗，按照传统方式设置Strandkörbe（带蓬的沙滩椅）。"水印"目的是为了提醒人们不要忘记，位于易北河岸的Salbke区是从一个废弃的工业用地中分离出来的。这个想法最终没有发展成为城市海滩，但却激起居民的兴趣。

当在另一个位置：附近中心以前图书馆的基地上重新应用该城市空间理念时，机会出现了。在对面空置的零售商店里组织的一次面向公众开放的设计研讨会上，居民们老老少少用了一个星期来制定和勾画他们的想法。在这个

公共精神的纪念碑

马格德堡的一个露天图书馆

德国卡罗建筑师事务所，莱比锡

过程中，城市广场和露天图书馆相结合，"绿色客厅"的理念应运而生，墙体框架为广场屏蔽了来自相邻主干道的噪声干扰。这面墙有二层楼高，塔楼般的立方体面朝街道，从远处就明显可辨识；"书签"以一个倒置的L形面向广场围合着一个小舞台。

为了让参与的居民感受他们想法的空间效果，建筑师从当地的饮料经销商那里取得约一千个空啤酒箱来构建该项目，一个全尺寸的现场实物模型。箱墙壁用夹具与金属、塑料相连。居民小组和建筑师一连几天在这里举办庆祝活动、读书会和音乐会。"这个活动让大家聚在一起"，雷迪奇回忆道。

但是筹建"书签"的资金却一直没有着落，直到建筑师偶然发现德国联邦政府进行的实验住房和城市发展项目。他们申请成功，该项目变成现实。"书签"的外观由50厘米×50厘米铸铝构件组成，霍顿（Horten）百货集团从20世纪60年代起就开始用它来贴建筑。RKW建筑设计与城市规划事务所（RKW Architektur+ Städtebau）基于程式化的"H"开发了最初的霍顿瓷砖。2006年位于哈姆（Hamm）的霍顿百货被拆毁，拆除后的300平方米瓷砖运到"书签"项目。居民小组花费了5000欧元从拆迁公司收购它们，包括辅助框架。从这方面而言，"书签"不算一个新建项目，而是运用既有结构。只有漆面被损坏的金属瓷砖才会被拿掉，涂上新的后再使用。立面模块由原来的辅助框架用钢带固定在钢架的顶部和底部支撑。

"书签"是内外部空间别具一格的混合体。它的品质用令人惊讶的生态方法得以实现，例如相对于周围环境的讲台形状高度的基座。除了舞台和凹进墙面的书架，设计方案仅限于木制长椅和几何状的草地领域。正如居民所期望的，建筑角落的舞台塔象征性的存在，使用的也是再生材料。包括外部工程和家具，该建筑的建设净成本共计325000欧元。

从1:1模型测试阶段起，露天图书馆的图书捐赠计划就从马格德堡整个城市开始，从那时起，居民小组租了一间工地附近的店铺来安放这20000多本书。居民可以从"书签"的书架上自由获取少量的非流通藏书。Salbke因此不仅夺回它老城区中心的一部分，同时也出乎意料地夺回了它的图书馆。

项目资料

客户　马格德堡市

建造成本　325000欧元；规划、居民参与过程的预算，项目文档：75000欧元

使用面积　室外面积328平方米/基地面积488平方米

总建筑面积　160平方米（舞台+城市书架）

特点　该建筑是一个居民参与过程和为城市家庭和老人社区研究计划（Familien-und Altengerechte Stadtquartiere）而进行的试点项目成果；使用从霍顿百货拆除的约550个立面瓷砖

建成时间　2009年6月

项目管理　Stefan Rettich, Antje Heuer及其他人

地点　马格德堡Alt Salbke 37，D-39122（邮编）

改建　2008~2009年

2000 ──────────── 2010

建造成本　　　每平方米价格
32.5万欧元　　398欧元

巴赫曼糖果店

——HHF 建筑师事务所

巴塞尔（瑞士）
餐厅/酒吧——28、136、156、168页

1

镀铬钢里的精美小饼

糖果店的改建

HHF 建筑师事务所，巴塞尔

胡贝图斯·亚当（Hubertus Adam）

1839~1840 年莱茵门（Rheintor）被拆毁后，巴塞尔北部历史文化区经历了一个转变的过程：在19世纪末修建的市场街（Marktgasse）把市场和舟登岸（Schifflände）之间联系起来。这条街两边是令人印象深刻的商业建筑，如市场街4号/布卢门赖恩（Blumenrain）1号的建筑，由巴塞尔当时一个忙碌的建筑师爱德华·帕弗林德尔（Eduard Pfrunder）设计。这个文艺复兴时期的建筑原先在底层有一间餐厅，但巴赫曼（Bachmann）糖果店在那里已经有很长一段时间。

巴赫曼家族世代经营这家有三间店铺的糖果店，其中在巴塞尔的机构——布卢门赖恩糖果店既是他们的总部，也是他们生产糖果的地方。20世纪40年代，赫尔曼·鲍尔（Hermann Baur）在底层开设咖啡厅和商店，并在20世纪70年代重新装修。直到最近，休息区一直都很暗，与周围的城市环境相隔离。但巴赫曼糖果店的基地位置非常突出：位于三王酒店（Hotel Trois Rois）斜对面，离莱茵河中间桥（Mittlere Brücke）只有几步之遥。

这促使家族拥有者委托进行一次彻底的改造。更多的光线、亮度和开放性，是这个规模不大的竞赛对参赛者尔格·贝雷（Jürg Berrel）和HHF建筑师事务所的要求。最终，年轻的团队拿到了委托任务。

HHF改建营造的这种氛围，对一个糖果店来说并不典型。他们有意识地拒绝豪华的感觉，试图建立一个现代化的，能直接与外部空间相连的城市场所。玻璃窗几乎延伸到人行道，点状丝网印刷图案的窗边框用来柔化光亮与黑暗的对比。面向通道的窗户在夏天可以向外开启，给坐在户外的客人提供避风的场所。

空间中部波浪形起伏的镀铬钢展示柜台非常引人注目；在这里，靠近商店橱窗的巧克力展示柜，花色小蛋糕和精美小饼就好像珠宝一样呈现在玻璃后面。楔形展示柜台是两个设有座位的闪闪发光的吧台。后面的墙上安装有两个带平行镜条的印刷玻璃板，对空间照明氛围的营造起到决定性作用。从侧面倾斜地看，由于镜子上的横条缘故，景观几乎可以无限延伸，使室内看起来比它真实的空间大。从正面看，玻璃结构变成一个发光但不透明、具有纺织特征的墙壁。此外还有意大利制造商达内塞（Danese）带波纹线的灯具——一些圆柱形状和带有圆角的长方体。后者由卡洛塔·德·贝维拉卡（Carlotta de Bevilacqua）于2007年设计，HHF配备了白色的聚碳酸酯薄膜和神奇的闪光。

老楼板保留原样仅做抛光处理，赋予这个明亮的空间一种真正意义上落地的感觉，就像HHF设计的深色餐桌对赫尔曼·鲍尔设计的原有装饰一样，最终形成一种参考。

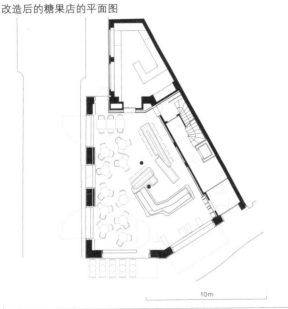

改造后的糖果店的平面图

10m

项目资料
客户　巴赫曼糖果店，巴塞尔
建造成本　120万瑞士法郎 / 840000欧元净成本（整个改建）
使用面积　139.58 平方米（总体），咖啡厅：约98.2平方米
底层总建筑面积　172.82平方米
特点　特殊的两层，喷砂的背光墙表面，印刷玻璃和镜子
建成时间　2009年
规划和施工管理　Tilo Herlach, Simon Hartmann, Simon Frommenwiler
项目管理　Markus Leixner
地点　瑞士巴塞尔市场街 4号/布卢门赖恩1号，CH-4051

修建年份　1940年
1000　　　　　　　　　　2010

改建　2009年
2000　　　　　　　　　　2010

建造成本　　　　每平方米价格
84万欧元　　　　6000欧元

　　　　　　　　　15000
　　　　　　　　　10000
　　　　　　　　　5000
　　　　　　　　　0

改造前的座位区体面有尊严……

……但有些暗，外观也比较陈旧

2

3

4

图1　HHF建筑师事务所彻
底清除旧的咖啡馆。新面貌
是挑衅现代的，同时也传达
清晰和宁静

图2～图4　通过面向街道开
放和使用一些元素限定的浅
色内饰，糖果店被改造成一
个现代化的咖啡吧

达格默塞伦学校

——彼得·阿芬特兰格建筑师事务所

达格默塞伦（瑞士）
教育——58、98、108、152页

1

2

3

4

图1~图3 楼梯，用红色
和蓝色设计，是学校新的
中心装饰物
图4 丰富多彩的反射效果
清晰可见
图5 整修后的学校立面和
入口

5

光线里叠加的色彩

达格默塞伦家政学校的改扩建

彼得·阿芬特兰格建筑师事务所，卢塞恩

1970年建于瑞士达格默塞伦（Dagmersellen）的家政学校经过多年使用，在许多方面已不再满足当代学校的需求。很长时间来它一直需要改造，而且学校也急需更多的教室。

由于该基地位于市中心优越的地理位置，市议会邀请9家建筑师事务所进行研究。卢塞恩（Lucerne）建筑师彼得·阿芬特兰格（Peter Affentranger）赢得比赛。

新的家政学校想要协调校园内不同时期的代表作品——从20世纪五六十年代，以及19世纪末期的各个时期共有六栋建筑。附属楼在规模上略微调整，作为一个有说服力的补充很好地融入建筑整体——包括教堂、学校建筑和市政厅。较旧的部分大约占现有建筑体量的50%，完全融合进尺寸明显更大的新建筑里。既有建筑体量得以重塑和提升。通过扩展既有结构的第五侧翼和增加一个额外楼层，创建一个和谐统一的大尺度形式。带大窗户的灰泥粉刷建筑外立面，精确地嵌入建筑外壳，与主要相邻的灰泥粉刷建筑形成对话。

在维护决定性结构和空间要素的同时，房间围绕着中心交流大厅形成组团，其主要焦点是楼梯。首层的入口大厅和相邻的图书馆组成一个宽敞的连续空间，可用于朗诵、音乐会、戏剧演出及庆典等活动。

班级教室和公共教室以及小组活动室一起构成不同楼层的管理单位集群。为了使教学和工作超越传统课堂形式，每间教室都配有一个朝向入口走廊的窗口。

内部空间由多种颜色组成：就像是对空间秩序的一种视觉强化，完全符合设计目的，追求的是从已存在和后叠加的东西中创建一个新的整体。在灯光下，这些色调彼此共鸣。其结果形成一系列协调平和的色彩空间，历经一天不断的变化重新形成自我。由建筑师与艺术家埃里希·黑夫利格尔（Erich Häfliger）共同开发的色彩组合的和谐效果，不是基于色彩的相似性，而是基于它们特点的多样性。

在家政学校案例中，加建和扩展的策略是经济上合理和可持续性。除了建筑外壳根据瑞士绿色建筑 MINERGIE 标准进行最新的保温隔热措施，还对建筑内部的功能关系进行优化，显著增加其使用的多样性。

项目资料
客户　达格默塞伦市
建造成本　约650万瑞士法郎
既有使用面积　1530平方米
改造后使用面积　2550平方米
改造后总建筑面积　2980平方米
建成时间　2008年1月
项目管理　Peter Affentranger, Architekt BSA SWB，卢塞恩
地点　达格默塞伦市 Kirchfeld，CH-6252

修建年份　1970年

1000　　　　　　　　　　2010

改建　2006年

2000　　　　　　　　　　2010

建造成本　　　每平方米价格
约475万欧元　　3105欧元

15000
10000
5000
0

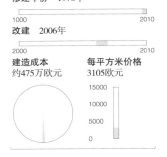

学校改造前的内外景观

总平面图与布局

A　休息空间
B　前厅
C　入口大厅
D　手工艺室
E　图书馆
F　图书馆的办公室
G　卫生间
H　Jan.cl.
I　教务室
J　电梯
K　楼梯
L　教室

10m

学校建筑加建层的剖面图

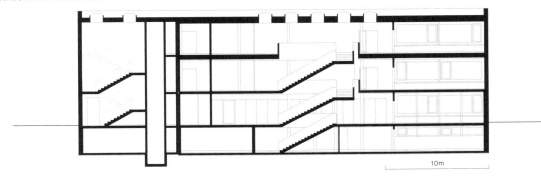

10m

布卢门小学和
伯恩哈德玫瑰学校

柏林（德国）
教育——58、95、108、152页

——胡贝尔·施陶特建筑师事务所

2

3

图1　热工升级使建筑入口的立面和混凝土模块保持不变

图2　不同宽度铝合金型材的细部

图3、图4　建筑立面上不同褐色色调和宽度的型材横板条，给人以木板条的印象

图5　建筑物整修后的总体外观

4

5

本质延续，外观独创

柏林布卢门小学和伯恩哈德（Bernhard）玫瑰学校的能效升级和立面设计

胡贝尔·施陶特建筑师事务所，柏林
（huber staudt architects bda）

弗兰克·维特尔（Frank Vettel）

今天在前东德和西德以及柏林的市中心，可以发现许多20世纪60年代以后建的标准化建筑急需整修。经过几十年的忽视，这是自20世纪90年代以来第一次对这些建筑在设计方面进行结构性翻修。

每一个案例的起点类似：相对简单的钢筋混凝土建筑有一些特殊的细部，其"平均主义"的贫乏创作影响了几代学生，最终要接受特定的建筑分析和反思。这个实验重点不是为了延长该系列产品的存在，而是为了赋予它们一个新的身份，并且认真考虑每一位使用者的需求。

布卢门（Blumen）小学建于1965~1966年，是"SK柏林"学校建筑系列的原型，其后在东德建造了数百倍这样的学校。对于这个基地，建筑师和客户的集体目标，是对现存状况构想出一个独特回应。希望通过对建筑立面的清晰表达来解决它们迄今缺乏的尺度感，还得权衡公共建筑缺乏资金、需要降低长期运营成本等常规约束。由此产生在建筑外部加建一个可见的幕墙基本元素的设计理念。这个幕墙变成一个滤光器并在内外之间形成一个中介。建筑师在和客户进行深入沟通后，对原来准备使用无固定形状的织物结构或木格子的想法进行修订，改用经过阳极氧化处理的，大小、颜色不同的棕米色谱的铝合金型材结构。因为预期的维修费用，自治市拒绝用木材作为建筑材料。

虽然是大规模的系列模式生产出来的（相同层高构件的预制和安装），但其外观却很独特，这种结构可以使现在经过恰当隔热的钢筋混凝土立面抵御恶劣的天气。铝板也标志着教室之间相互分离，

项目资料

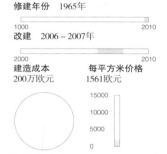

客户 Bezirksamt Friedrichshain-Kreuzberg，柏林
建造成本 200万欧元
使用面积 1281平方米
总建筑面积 4512平方米
改造立面 4900平方米
特点 在1965~1966年间，该建筑是随后几年大量建设的一个标准化学校类型（SK柏林）的原型
建成时间 2007年
项目管理/团队 Andreas Büttner, Stefania Dziura, Leander Moons
地点 柏林 Andreasstraße 50-52/Singerstraße 87，D-10243

修建年份 1965年

1000	2010

改建 2006~2007年

2000	2010

建造成本   每平方米价格
200万欧元   1561欧元

同时在走廊上发挥可视化分界和遮阳的功能。

新幕墙立面明显水平走向，强调体量和战后现代主义的朴素，与楼前的树木形成对比。铝材原本被认为是相当酷的材料，这里通过不同型材的宽度，大胆而温暖的色调以及通过横挺、间距和连接处的阴影，以及隐约渗入的像绘画般折射光线的整体微妙效果，展示这里高度的活力。其结果不仅仅是"多彩"的普通小学，而是一个经过美学提升的城市建筑。

建筑立面挂板的立面图和剖面图

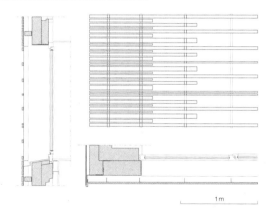

1m

底层平面图

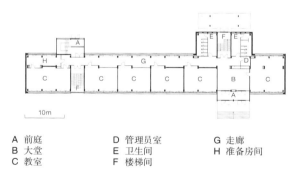

10m

A 前庭   D 管理员室   G 走廊
B 大堂   E 卫生间   H 准备房间
C 教室   F 楼梯间

学校最初建设时，委托艺术家诺伯特·舒伯特（Norbert Schubert）在山墙端部制作了立面雕塑，展示的是苏联宇航员尤里·加加林(Yuri Gagarin)化身为"伊卡洛斯"（Icarus）的形象，他在20世纪60年代中期是东德所有儿童的偶像。在能效升级的过程中，建筑师找到这位艺术家，说服他在新的保温立面上重做他的工作，以保持同现代主义时代的一点连续性。

"人们对立面整修的可持续性抱有很大的期望。对比颜色有助于阻止涂鸦，新的外观导致对学校的重新评估。内部也如此，小规模的细部得到广泛的认可。"约阿希姆·施陶特（Joachim Staudt）(《细部》，2009年9月，第898页)

改造前的学校景观

节能最高分
——学校及大学建筑翻新

最新的保温隔热、节能建筑技术，尤其是智能改造的理念，正帮助把有着40年历史的预制板楼房改造成低能耗建筑，而且不需要改变其外观。我们在这里讨论三个战后学校和大学建筑现代化的经验。

苏珊·雷克斯罗特（Susanne Rexroth）

1950年和1970年之间，作为战后经济增长的一部分，德国经历了建筑业的蓬勃发展。这些年经济复苏时期建造的许多建筑，无论它们品质如何，后来都变成了"问题儿童"，原因主要有两个：战后时期的建筑材料质量明显不行，所以耐用性差；此外，工业建筑产品（西欧）和工业施工方法（东欧）在20世纪60年代早期开始占主导地位，但在最初几年，这个产业化建设过程并没有真正开发完善。[1]为此，这个阶段建设活动增长所产生的大部分建筑，现已达到其服务寿命的终点，不再符合不断变化的能效标准。

同样，对于舒适性的要求，室内装修和基础设施也不再和四五十年前一样。新的组织和沟通的结构、用户需求的变化以及房屋设备的要求，使这些建筑有必要进行现代化改造；某些特定的建筑材料，比如含有石棉的建材，现在已列入对健康有害的一类，必须被去除。

在学校建筑里，教室里大量的学生会导致大量的热负荷，意味着空气质量标准很难实现。在大多数情况下，现有校舍的空气质量并不理想。另外，考虑到提高学生学习和专注能力的需要，自然光和人工照明在今天被认为更重要。

并且在1977年之前修建的校舍，比如第一个保温条例生效之前的建筑围护结构，就算有保温隔热处理的话也不足。这正是既有建筑升级有时可以达到最大能效的地方。

东德模块化学校——伯恩哈德玫瑰学校和布卢门小学，柏林腓特烈斯海因区

由于材料稀缺和生产能力低下，东德被迫在战争结束后不久采取更经济的施工方法。为学校和公寓安排开发的标准化房间，使建筑有可能采用模块化施工。[2] 1965至1966年，格哈德·霍尔克（Gerhard Hölke）为柏林国家房屋署（Wohnungsbaukombinat Berlin）开发了一种结构框架系统。这种被称为SK-柏林的系统，引入一种新的施工方法：这种模块化学校在整个东德建造了超过160个。原型就是柏林腓特烈斯海因区（Friedrichshain）的伯恩哈德学校，大规模生产模块化结构的一个案例，现在被该行政区列为值得保护的对象。

布卢门学校是建于附近的一所小学，使用了相同类型的模块化结构。2008年，胡贝尔·施陶特建筑师事务所从柏林分别接受委托，对两所学校的外墙进行节能升级。腓特烈斯海因行政区在补贴的帮助下资助该项工作。补贴方案，如德国复兴信贷银行（KfW银行）为公共补贴[3]提供的资助方案，在资助项目时规定严格的节能标准。在柏林腓特烈斯海因区两所学校的案例中，意味着能源保护条例(EnEV)指定的值改善40%，能源的年需求量从27.6kWh/（m³·a）下降为11.4kWh/（m³·a）。

此次升级包括建筑围护结构热传导区域的持续隔热，这对节能有积极作用，特别是对学校的主立面。长长的钢筋混凝土山墙没有窗户。这些升级价格适中，采用传统的夹心保温系统，能够把U值提高到0.22W/（m²·K）。楼梯和其他立面的能量升级更为复杂。因为楼梯立面用特殊形状的混凝土块构成来营造装饰效果，建筑师选择8cm厚的泡沫玻璃内保温材料，使U值从1.01W/（m²·K）提高到0.4W/（m²·K）。

学校建筑的两侧，包括一个带有拱肩板的带状立面，由清水混凝土芯隔热密肋构件组成；这种构件组成该建筑围护结构的绝大部分。因此，它的能量提升对整体能量平衡影响最大。为了防止结构空隙产生冷凝水湿气破坏保温，建筑师安装了排水管。

在建筑立面构件上安装背部通风层，包括12cm的矿物纤维保温材料、水分扩散膜和铝型材。相比旧的U值0.69W/（m²·K），本次升级的结果是0.20W/（m²·K）。屋顶女儿墙同样也需要保温，U值为0.23W/（m²·K），底座一样也是12cm的保温材料。这些措施对于新"幕墙"后面原有立面特色的保留做出显著的贡献。布卢门小学整个西向的庭院立面都安装了铝型材，省掉额外的遮阳滤网。

窗户的节能升级对一个成功的改造项目也是必不可少的。为了能够保留楼梯的原有窗户，一种直接嵌入混凝土墙板的薄钢型材单层玻璃，建筑师在它们后面安装内部窗框，产生双平开窗的效果。这一简单措施足以将原有很差的U值（约5W/（m²·K））减少一半。旧教室窗户的

U值是3.5W/（m²·K），更换为新木头窗户后U值为1.3W/（m²·K），意味着实现的U值甚至比补贴提供商要求的更好，多了24%的余量。

减少能源消耗和改善既有教室条件两大目标，以建筑容积每立方米75欧元非常经济的投入得以实现。

杜塞尔多夫的罗兰街小学

杜塞尔多夫的罗兰街（Rolandstraβe）小学算是同时代西德的一个例子。整个战后时期不断增长的出生率导致20世纪60年代初的教室、住宿严重不足，所以新校舍的发展成为迫切需要。在

图1 ［104页］翻修后的布卢门小学防火墙：伊卡洛斯主题也作为表皮更新的一部分进行修理

图2 ［104页］翻修后的楼梯：新链接平开窗的空隙也可作为艺术教学的展示柜

图3 幕墙饰面板用固定插销新加保温层

一项杜塞尔多夫建筑主管部门委托的研究里[4]，建筑师保罗·施耐德–埃斯莱本（Paul Schneider-Esleben）于1961年修建双H格式两翼的罗兰街小学。这个混凝土框架结构建筑的立面特点是以不同的设计适应各个房间的功能，自承重的建筑立面位于支撑结构的同一平面，遵循由立柱和板确定的柱网模式。

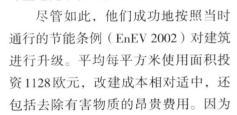

从2004年到2006年，通常建筑的翻修和教学都是同时进行，主要集中在保温和房屋设备的现代化。由于学校建筑是标志性建筑受到保护，委托的建筑师莱格纳（Legner）和凡·奥延（van Ooyen）不得不保留原有外观，尽量避免干扰建筑结构。

尽管如此，他们成功地按照当时通行的节能条例（EnEV 2002）对建筑进行升级。平均每平方米使用面积投资1128欧元，改建成本相对适中，还包括去除有害物质的昂贵费用。因为建筑包含对身体有害的材料和成分，如石棉、合成矿物纤维（SMF）和多氯联苯（PCB），它们必须从结构框架中去除。[5]在翻修之前，测量显示部分区域存在的多氯联苯（PCB）值超过每立方米300纳克的水平。这些数值显然超过当前限制。[6]

去除有害物质后，建筑师为最初位于外侧的结构构件添加保温层。今天，预制的玻璃纤维增强混凝土构件包住所有潜在的热桥，如外部支撑、混凝土平屋顶、屋顶护栏、门窗侧及过梁。玻璃纤维混凝土构件与搭扣式支架在外部不可见，以便保留原貌。新的背面通风层提供给80mm厚矿物纤维保温层足够的空间，把原本没有保温层的立面U值从1.8W/（m²·K）减少到0.45W/（m²·K）。室内的柱子衬以木丝板并涂上灰泥。窗户构件安装完成后与外立面齐平。在建筑两侧底楼卫生间前的混凝土露石板，换成具有类似外观和感觉的2.5cm厚的预制玻璃纤维混凝土构件。二层楼以上的窗户下面白色面板换成真空隔热

板。其结果是窗户构件不透明部分的U值被改进到0.45W/（m²·K）。

教室的窗户用双层玻璃窗与市售的窗框替换。调整开启窗扇和气窗上的通风口尺寸，使最大的空气流速度不超过每秒0.08m。房间通风现在依靠人工窗口操作，根据消防安全规定，先前安装在走廊气窗上不可调节的交叉通风槽将不再允许使用。在气窗面板前方安装新百叶是出于标志性建筑保护原因，它们的唯一功能就是审美。以前安装在走廊隔墙上允许教室之间交叉通风的通风槽，由于防火和隔声的原因去除后被填充。

既有建筑外部随后加建的遮阳滤网，作为翻修的一部分被拆除。莱格纳和凡·奥延的设计是在玻璃板之间的缝隙处提供电操控的百叶帘，使原来平整的外观得以重建，从而与另一个重要的标志性建筑保护要求相符。

出于结构原因，完全去掉了全玻璃楼梯的外部承重预制混凝土柱和梁，取而代之新的钢材和玻璃幕墙。以前的玻璃窗被简单地安装在结构构件和内部纤维水泥板之间，今天的隔热玻璃包括钢化安全玻璃，可以从外部塑钢型材进行隔热。中间楼板支撑同样装上保温隔热和防止湿气进入的密封条。虽然这样稍微改变建筑立面的外观，但是能保持流线型的简洁和其他几个元素。玻璃面板的隐框安装一般不符合建筑法规要求，因此这种情况需要特批豁免。

蓝色琉璃瓦面砖和教室两端混凝土防火墙之间的缝隙，用膨胀疏水的矿物保温材料进行填充隔热。这样把U值从1.3W/（m²·K）改进至0.43W/（m²·K）。饰面砖和建筑转角之间狭长的带状地带用20毫米厚保温砂浆打底。

图4　杜塞尔多夫的罗兰街小学：建筑立面隔热优化构件的支撑结构

图5　[105页]1961年学校建成后不久的庭院

图6　[105页]学校由保罗·施耐德–埃斯莱本设计，翻修后的学校庭院景观

图7　[105页]建筑特点是矩形外墙板由狭窄的隐形接头镶边

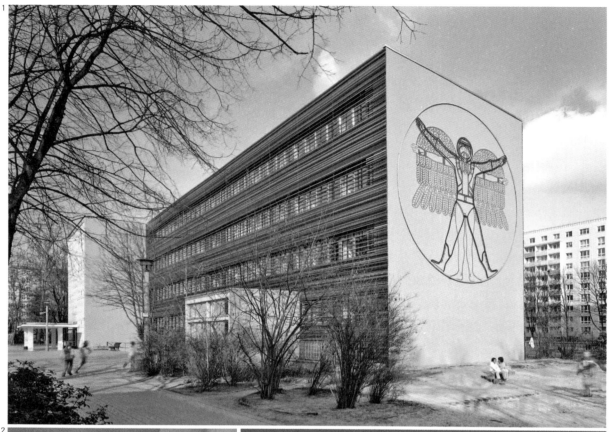

同样，对原本没有保温层的屋顶热工性能进行升级，增加总厚度为280～390mm之间有坡度的沥青保温层。这样屋顶的U值从1.5W/（m²·K）减少到0.26W/（m²·K）。以前教室屋顶到楼梯屋顶排水组织用的落水管，被替换为一个独立的内部屋顶排水系统，大幅度减少了平屋顶水损坏的风险。

地下室的墙壁和顶板由于防潮不足和缺乏保温，遭受严重的湿气侵入。为了解决这个问题，墙壁被刮除涂层，进行防水处理和增加保温层，所有的顶部内衬用不燃的保温材料。翻修后学校的采暖要求下降到505kWh以下，使去掉五个燃气锅炉中的一个成为可能。

苏珊·雷克斯罗特
（Susanne Rexroth）

博士工程师。苏珊·雷克斯罗特，出生于卡尔斯鲁厄（Karlsruhe），是柏林的建筑师。她在柏林工业大学学习建筑。在几个建筑师事务所工作后，她在柏林艺术大学（UdK）建筑系担任研究助理，然后花了四年时间在德累斯顿建筑工程研究所进行研究和教学。自2009年以来，她在环境工程/再生能源课程任教并进行研究。她主要的研究重点是建筑节能、建筑一体化的太阳能技术。她的博士学位是关于光伏建筑一体化的主题；她曾参与过许多出版物和研究项目。

www.fl.htw-berlin.de/studiengang/ut/

为了节约能源和提高这些系统的操作，对采暖控制、管道分配、暖气片以及照明系统进行改善：新的装修标准由三波段节能荧光灯带和带电子镇流器的灯具配件组成。加上运动和存在传感器、日光感应控制机械装置，他们最大限度地利用日光和尽量减少人工照明。

斯图加特大学的KⅡ楼

斯图加特大学位于内城，第二次世界大战期间内城失去了许多建筑。尽管迅速重建了大量被毁和受损的大学建筑，但越来越多招收的学生只能容身在由建筑师古特比尔（Gutbier）、威廉（Wilhelm）和西格尔（Siegel）设计的KⅠ楼里，这是一座1960年完成的塔楼。很显然，即使在该楼拔地而起的时候，它也无法提供足够的

空间。为此，开始修建相同的KⅡ楼。

始建于1960年的KⅡ楼，经过四年的建设，其混凝土框架结构建筑及地下礼堂准备好了移交工作。

为了在有限体量内安排不同功能，建筑师采取一个巧妙的方法：建筑北边层高不同于南侧。通过一侧安排三层层高较低的办公室和研究所，对面一侧安排两层较高层高的讲堂和工作室，他们设法最大限度地使用大楼空间。结果是建筑的南立面窗台和混凝土拱肩带以水平排列，而北立面较低的研究所采用独立面板模式。除了上部楼层的走廊区域是成组的三个窗户与三种混凝土面板交替相间，较窄的东西立面都用的是清水混凝土修建。

拥有两个教学单元的综合大楼是新斯图加特学校建筑的最典型案例之一，在1946年和1970年之间这种建筑特别有影响力。KⅡ楼的建筑师，古特比尔、威廉和西格尔试图实现该建筑设计形式与其内在结构的结合。为此他们避免任何不必要的装饰形式，仅靠三个基本材料来定义建筑形式：结构构件和外墙立面用不同表面的素混凝土，非承重墙用清水砖墙，室内元素用木材。

KⅡ楼在2007年至2009年间进行翻修，建筑师海因勒（Heinle）、维舍（Wischer）及合伙人旨在保留上述设计原则的同时，遵守2002年节约能源条例（EnEV 2002）的规定。建筑师主要对室内和房屋设备进行改造，外墙立面只更换了大楼北侧。目前，铝窗装上断热型材和双层玻璃，其

图8　［105页］施工期间罗兰街的教学楼沿街立面照片

图9　［104页］斯图加特大学KⅡ楼的夜景图，背景是建成较早一点的KⅠ楼

U值降低到1.3W/（m²·K）。所有其他立面组件——铝窗、预制混凝土拱肩板和素混凝土组件，分别经过修理或清洗。东、西立面是有可能保留既有夹层结构（除了接头处密封的化合物必须被重新分开），包括清水混凝土外表面40mm厚以软木塞板为核心的保温层。然而集成的加热元件已经废弃，现在额外的开窗改善了夜间冷却。朝南立面装上新的电动式太阳能遮阳滤网系统，以及手动操作防眩系统。一旦拆掉拱面板的内部衬里，里面40mm厚的泡沫玻璃保温材料就被整合到面板上。由于朝南立面符合现行施工规范要求，唯一要做的工作就是用一种摩擦工艺清理既有铝窗，并进行必要的维修。

这栋建筑就像大多数同时代建筑一样，含有如石棉、多氯联苯（PCB）以及多环芳香烃（PAH），这些目前已列为危害健康的化学物质。所有包含石棉的组件如通风管道、防火门、防火闸和机制石膏必须去除，像连接处的密封化合物含有多氯联苯（PCB），含多环芳香烃（PAH）材料的镶木地板、屋顶结构和既有的软木保温材料也必须除去。

房屋设备系统的翻修工程范围也很广：电气和数据线必须完全重新安装，包括应急照明和消防报警系统。今天的照明包括荧光灯专用条形灯和紧凑型荧光灯。电气安装总线（EIB）系统控制照明中的门厅、走廊和楼梯，根据白天时间和日光的可利用性，与运动传感器一起使用来满足照明需求。

礼堂配备带热回收的通风系统。旧电梯系统的直流电动机由无齿轮同步电机所替代，所以前者多余的变压

器室可用于通风系统。其他房间可使用手工操作的夜间通风系统进行通风和冷却，该系统显著降低通风和冷却的能量需求。

所有的加热或冷却管道按照节能条例的要求进行保温隔热处理，同时必须安装控制泵。拆除楼上所有安装在顶棚上的加热系统，更换为安装在窗户下的暖气片，有助于提高舒适度。

接下来的翻修工作，让传输热量损失从3.5W/（m²·K）下降到2.5W/（m²·K），输入的能量从1470MWh降低到1200MWh，主要能源需求从1500MWh/a减小至805MWh/a（预测到2010年）。[7]

这些数值表明，该能量升级导致的能量平衡改善与投资量相当。这是非常节省的，使用面积土建每平方米只有654欧元，采暖、通风和卫生的安装工作每平方米250欧元，电气安装每平方米218欧元。毫无疑问，能源升级的额外投资可以造成能量平衡进一步改善。然而由于种种原因，尤其是出于标志性建筑保护的考虑，设计师没有充分利用所有可能的技术改进方案。

这三个例子表明，今天是有可能对这些20世纪六七十年代的建筑进行现代化改造和升级，以达到目前建设要求标准。以这种方式不仅能够降低能耗和运行费用，也能改善使用者的舒适度和工作场所的品质。维护这些战后现代主义建筑案例的努力是值得的；翻修工程完成后，这个长期被低估的卓越室内品质和时代独特的模式语言可以再次得到欣赏。几乎所有情况下，商业上的投资也是可行的；通常改建比拆掉和新建更加便宜。

1. 实例是前东德大型预制面板建筑：虽然它们的热能量消耗设计是在120～160千瓦时/平方米·年之间，根据所使用的面板类型，在实践中没有进行任何升级的建筑热量消耗要高很多，有时可高达220千瓦时/平方米·年。原因是物质和技术上的缺陷，通常是由于不完善的工艺造成的。

2. 预制建筑物不仅在东德，在西欧国家中也曾大量建造。外墙采用悬挂的幕墙饰面板，或者后来包括预制结构体系，比如两至三层混凝土夹层构件有一薄层核心保温。

3. KfW：德国复兴信贷银行（重建信用研究所）是一个在德国成立的银行，管理建设项目的公共资金和低利率融资。

4. 杜塞尔多夫建筑主管部门要求建筑师伯恩哈德·普福（Bernhard Pfau）、汉斯·容汉斯（Hanns Junghans）和保罗·施耐德—埃斯莱本发展现代教育建筑。

5. 石棉主要是在学校防火门、防火挡板以及特殊石棉水泥构件中发现。1966年之前制造的含有合成矿物纤维（SMF）的产品，根据有害物质条例（Gefahrstoffverordnung = GefStoffV），被归类为致癌物质，在电配线的绝缘材料和填充材料化合物里发现。此外，在印刷电路板、油漆涂料、窗帘和地板覆盖物里都发现多氯联苯（PCB）。

6. 在这种情况下：北莱茵-威斯特法伦联邦州的多氯联苯（PCB）条例。

7. 这种变化在大楼预测供热能源需求上也可见一斑：2010年的需求估计为1700兆瓦时/年，与之相比，2000～2009年平均供热的能源需求是2100兆瓦时/年。

斯图加特大学 K II 楼

——海因勒、维舍及合伙人

斯图加特（德国）
教育——58、95、98、152页

2

3

4

图1 建于1960~1965年间的大
学建筑KⅠ楼和KⅡ楼，是斯图加
特派风格的典型案例
图2、图3 较低的3层和较高的
2层并置，把建筑变成一个空间奇
迹，交流核心变成包括台阶、桥
梁和画廊为一体的建筑山地景观
图4 KⅡ楼的门厅

图5　艺术与清水混凝土：
顶层会议室
图6、图8　大楼北侧的学
院图书馆
图7　自助餐厅和橙色座位

清水混凝土：
时而粗糙，时而光滑
斯图加特大学 K II 楼的翻修
海因勒、维舍及合伙人，科隆

伙伴大厦 II（K II）是所谓斯图加特校园建筑最典型的案例之一。与相邻的双胞胎（K I）一起，其紧凑和正交的大规模形式是建筑技术大学最有特色的建筑之一。该建筑包含图书馆、报告厅和会议室，目前主要由人文学院、管理学院、经济学院及社会科学研究机构共同使用。KI 楼建于 1960年，与它几乎相同的后代 K II

项目资料
客户 巴登-符腾堡州/斯图加特地区税务机关，由大学建筑主管部门代表
建造成本 1610万欧元
总建筑面积 26886平方米
使用面积 11586平方米
主要使用面积 10555平方米
建成时间 2009年9月
项目管理 Winfried Schmidbauer, Monika Horn
地点 斯图加特 Keplerstraβe 1, D-70174

修建年份 1965年
1000 ——————————— 2010

改建 2009年
2000 ——————————— 2010

建造成本　　　　**每平方米价格**
1610万欧元　　　　1390欧元
　　　　　　　　　15000
　　　　　　　　　10000
　　　　　　　　　5000
　　　　　　　　　0

楼，建于 1965 年，由大学教授罗尔夫·古特比尔（Rolf Gutbier），冈特·威廉（Günter Wilhelm）和柯特·西格尔（Curt Siegel）设计。它们矗立在市内校区作为毁于战火建筑的替代。

由于多层组合的巧妙联结，每一个组合都包括一侧有三个低层高的机构，另一侧有两个层高较高的会议室，古特比尔和他的伙伴们能够优化建筑的使用面积。因此，高层建筑在其南侧有 15 层供办公使用，在其北侧有 10 层容纳图书馆和教室。相应的层高从南侧办公室的 2.90 米到北侧演讲厅的 4.35 米变化不等。电梯、技术室、卫生设施以及楼梯，都位于部分开放的核心区。开放式走道有单跑楼梯，每一个楼梯都可以通往三个楼层，这些楼层由于开放式布局而具有空间感。这种类型的交通把建筑"服务"核心转换为建筑赏心悦目的三维舞台。

秉承斯图加特校园建筑风格，源自经典现代主义的结构可见性原理、功能性以及仅限于一些基本材料的运用——该建筑呈现出清水混凝土、砖石、玻璃和木材的外观。设计师们特别喜欢清水混凝土，可以塑造建筑内外特点：有时借助粗糙的质感，有时相当生动，有时用流畅的模板，但始终是清水未加抹灰。"光秃可见的混凝土没有抹灰，在承重和空间形成的框架和墙体上没有任何笔触。对于如窗户和门框等附加构件，采用最少的形式和颜色。从未来土木工程师和建筑师的角度来建造……"建筑师冈

特·威廉如此描述设计的指导原则。

40 年后，海因勒、维舍及合伙人被委托对其进行全面改造，其创始人曾参加 K II 楼原始规划。K II 大楼的纯粹与简洁性让建筑师非常高兴，在空间重组的过程中，只有在确实无法避免的时候，他们才干预其结构和设计。该结构的可见部分被修复、清理，在需要时以相同的形式替代。整修工程包括房屋设备系统、屋顶和北立面、吊顶和地板覆盖物的更换。此外，大量的毒性物质必须去除。各系部的图书馆、报告厅、学院区域和食堂按照其改变的用途进行调整：例如增加图书馆的建筑面积，对报告厅的通风和媒体技术进行升级。现在甚至夹层对残疾人士也是可达的。K II 大楼从表面看上去没有变化，但它已经转化为"幕后"有针对性的干预，以满足能源和技术的最新标准。FPJ

典型的底层平面图

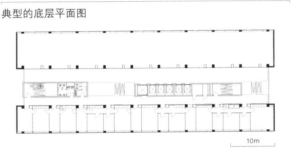

10m

建筑剖面图

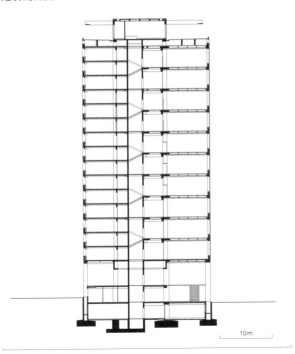

10m

整修期间

蔬菜和观赏作物研究所

——南姆里奇·阿尔布雷希特·克林普建筑师事务所

大贝伦（德国）
研究

图1　蔬菜和观赏作物研究
所：未来的蔬菜在大棚里培
育，在白色建筑里进行研究
图2~图4　一楼的自助餐
厅和员工厨房

白丝带

大贝伦的实验楼改造，勃兰登堡

南姆里奇·阿尔布雷希特·克林普
建筑师事务所，柏林

在东德时期创建的蔬菜和观赏作物研究所（IGZ），如今在大贝伦（Grossbeeren）仍享有杰出的声誉。现在和当时一样，植物在柏林南部研究机构的温室里进行分析和杂交，以开发出新品种。该研究所的实验室设在一栋20世纪70年代建造的4层楼高的东德预制建筑里（型号SKBS 75）。钢架结构和网格化露石混凝土外立面不仅难看，而且功能和机械性能方面的修复也过期了。似乎最好的建议就是用新建筑代替原有预制结构，但这样会超出预算限制，而且实验室也需要临时移地方。由于学院的校园无法提供所需空间，建筑师和研究所的管理层决定在建筑持续使用过程中对其进行翻修：长矩形的建筑用隔板从中间分隔开。一侧用于研究，另外一侧进行改造。

南姆里奇·阿尔布雷希特·克林普建筑师事务所（Numrich Albrecht Klumpp Architekten）保留了建筑的结构和楼梯。尽管按照一个标准化与模块化的系统建造，整个建筑却到处是不同厚度的加筋面板，所以承重构件的再次使用需要结构分析。在所有最显著干预中，除了安装电梯，就是把原来位于中间的主要走廊按三分之一/三分之二的纵向划分进行移位，以创造不对称。员工办公室位于窄的一侧，实验室位于宽的一侧。通过在办公室和走廊之间插入玻璃，长长的走廊也可以接收自然采光。

建筑改造改变了一个令人沮丧的标准化建筑，虽然不可否认它仍然朴素，但充满表现力和特色，这要归功于它雪白拱肩带的强大可塑性。这些带型窗户三排交替间隔着。在光滑表面粉刷下面，建筑到处都设有新的保温层。

有时只需一小步，就能把一个毫无特色的功能性建筑变成一个精心设计的建筑。在大贝伦的实验室大楼，这种飞跃实质上是因为窗口下面的凹凸形，有效地强调白色灰泥带的主题，给建筑立面增添三维深度。白天，这些凹凸带在较暗的带状窗口之间闪着光芒，到了夜晚，这种关系正好相反。从远处看，连续的窗口装饰线条像是实体，但实际上它们是空心的：是用于遮阳的钣金外壳。"我们最初是想构建坚实的混凝土线条，"建筑师沃纳·阿尔布雷希特（Werner Albrecht）解释道。但这种解决方案，招标结果显示比最终建成的金属外壳价格贵了4倍。

改造前的情况

建筑师们在室内拓宽的走廊里设置五颜六色的关注点。应客户要求，平面呈蜂窝状独立式布局，但在底楼入口旁边餐厅和相邻厨房的位置，建筑围护结构敞开来。当科学家们选择离开他们的显微镜或电脑屏幕时，他们会在这里见面——空间很受欢迎。FPJ

项目资料
客户　大贝伦蔬菜和观赏作物研究所/Erfurt e.V.
建造成本　400万欧元（成本组300~400）
使用面积　2020平方米
总体积　10800立方米
特点　实验室改造的同时仍在使用
建成时间　2008年3月
项目管理/团队　Werner Albrecht, Grant Kelly
地点　大贝伦Theodor-Echtermeyer-Weg 1, D-14979

修建年份　1988年
1000　　　　　　　　　　　2010

改建　2008年
2000　　　　　　　　　　　2010

建造成本　　　　每平方米价格
400万欧元　　　　1980欧元

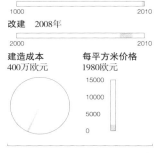

15000
10000
5000
0

底层平面图

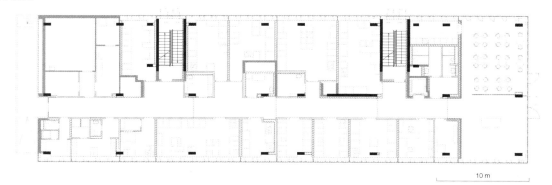

10 m

5

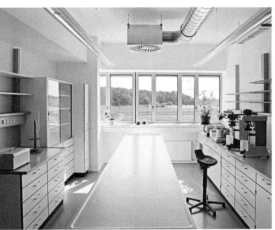

6

7

8

图5　新的入口区
图6　实验室景观
图7、图8　强烈的温暖色调使
楼梯和走廊脱颖而出

西斯迈耶大街办公楼

——施耐德＋舒马赫

美因河畔法兰克福（德国）
办公室——72、76、132页

图1　黑色面板、白色竖框：
翻新后的入口和主立面

"如果你想真正拥有你从你的祖先那里继承的东西，你必须首先努力为自己赢得它。"——歌德

早在1920年就开发的建筑幕墙立面，最终在20世纪50年代伴随着办公楼的建设得到广泛认可，尤其是在美因河边繁华的法兰克福，脱离战时废墟的灰尘比其他城市更快。1955年，美国大型建筑设计事务所SOM LLP

项目资料
客户 G&P Grundstücksentwicklungs GmbH&Co, Siesmayerstrße KG
建造成本 约500万欧元
地块大小 7829平方米
总建筑面积 地面以上4050平方米，地下1995平方米
使用面积 约3200平方米（地面以上）
特点 根据标志性建筑保护机构的要求，钢筋混凝土框架（1955年既有建筑）与格栅建筑立面的恢复
建成时间 2007年12月
项目与施工管理 Michael Schumacher, Kai Otto, Peler Mudrony
地点 美因河畔法兰克福西斯迈耶大街21号，D-60323

修建年份 1955年
1000 ——————————— 2010

改建 2005～2007年
2000 ——————————— 2010

建造成本 每平方米价格
500万欧元 310欧元

15000
10000
5000
0

隔热、隔音和防火的规范。建筑室内装修有明显磨损迹象，某些地方甚至完全破坏，需要一个新的演绎。很明

优雅如昔
前美国驻法兰克福总领事馆的改建
施耐德＋舒马赫，法兰克福
（Schneider + Schumacher）

在法兰克福西部地区的黄金地段西斯迈耶大街（Siesmayerstraße）设计了一栋办公楼，可列为国际风格的典范。事实上，建筑冷静的雅致和明确的线条体系是一种风格的重新导入，因为推动战后现代主义的主流一直来自欧洲的移民，如格罗皮乌斯和密斯·凡·德罗。然而，他们同时代的美国早已形成自己的特色风格，一种冷静而复杂的格栅美学。该5层楼高建筑的客户是美利坚众国总领馆。在西斯迈耶大街建筑设计的同时，SOM设计了另外三个领事馆，分别在不来梅、杜塞尔多夫和斯图加特，每一种案例使用相同的"部件组合"，但采取不同形式。由于该建筑是早期战后现代主义的原型，1986年被列入标志性建筑遗产名单，2005年美国人搬走后，该建筑被出售。新东家与标志性建筑保护当局协商后要对该建筑进行改造，要充分考虑当前保温

显保护建筑的精神其实要比保留和修复既有结构更为重要。

"悬浮"——20世纪50年代轻快的漂浮感——再次回响。改造尽可能满足所有楼层办公室使用最灵活的空间布局的目标，为此创造了面积达400平方米的单元。底层平面多种形式的单元可以按照建筑法规很好地结合起来。原始的钢筋混凝土框架结构，顶棚的梁与花格都处于良好状态，因此在很大程度上被保留。只有底层顶棚有明显结构性缺陷，被部分拆除和重建。我们拆除既有楼梯和电梯核心，在另一个位置重建并重新设计以跟上建筑的精神。修建一个地下停车库来代替以前大厦下面狭窄的空间。

改造后的建筑剖面图

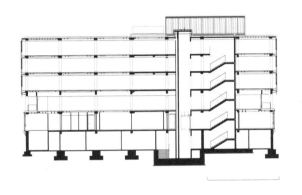

建筑师精心重建的建筑立面外观，改造后在材料和轮廓尺寸上都与旧的正好对应。在技术性能方面，它符合现今可持续发展需求。在地面层和地上一层，建筑立面由立柱、横梁式系统及外开窗组成。这里建筑立面网格是1.89米×2米。每一楼层都添加外遮阳。

建筑的2～4层，由于网格宽度较窄仅有1米，建筑师以平开上悬双扇窗户替代了立柱、横梁式立面。外单层玻璃和内隔热玻璃之间的空隙安装有遮阳。每间客房现在都有直接的自然采光和通风。用于冷却的能量密集分体式装置替换为安装在顶棚上更为有效的辐射冷却板。庭院的水池提供蒸发冷却，进一步改善写字楼周围的空气品质。今天，一个美国大型律师事务所是建筑的主要租户。

旧领馆大楼向我们展示一个案例：一个20世纪50年代大楼原有建筑意图如何在不忽视节能考虑的情况下真正延续到现在。FPJ

改造前的建筑，背后景观

图2　重新设计的内部庭院，呈现出日式风格的清晰和宁静

图3　幕墙构件的垂直间距为1米

图4　改造后的窗户保留原貌

适度的透明
——重现现代主义运动的建筑立面以符合标志性建筑保护原则

20世纪头20年创建的透明围护结构，是对建筑新的认识以及与之相关建筑创新理念的表达。但是直到第二次世界大战之后，它才成为公共建筑，特别是商业发展最重要的风格。

乌塔·波特吉赛尔/朱莉娅·基尔希

我们在战后现代主义风格建筑中可以发现，相比瓦尔特·格罗皮乌斯等人的建筑，现在链接平开窗和双层玻璃形式的施工细节显著改进。这些建筑节能的法定要求不断提高，变得愈发严格。甚至20世纪80年代的外墙立面还远远落后于今天的标准。建筑围护结构的改造理念，始终围绕如何保留这些风格明确的组件，如何注入新的活力，或作为节能概念升级的一部分如何进行修改。[1]

施工发展和节能标准

早期现代主义运动的行政办公大楼外观细部，包括简单的呈角度塑钢型材与腻子固定的单层玻璃，比如1926年在德绍（Dessau）建成的包豪斯建筑。当时开发的建造方法和材料追求的就是"非物质化"玻璃建筑的建筑风格表达。然而，这也提出与工作和生活条件改善需求相关的基本问题。随着技术的进步，使用者需要高品质的室内居住设计。

然而19世纪末使用的型材外观仍然与木构造使用的类似，在20世纪初它们只是简化了几何形状。20世纪20年代期间玻璃窗的尺寸迅速增加，玻璃的整体比例也相应增加。所以建筑物在夏季过热而在冬季热损失严重。现代主义先锋很少关注节能。只有一个例外，那就是勒·柯布西耶在1929年开发的"mur neutralisant"（中性墙体）的概念：意思是"中和墙"，是莫斯科Centrosojus

图1 [124页]德绍的包豪斯建筑：工作室建筑外立面有小幅的单层玻璃，由瓦尔特·格罗皮乌斯工作室建于1926年

图2 莫斯科Centrosojus大楼不通风的双层幕墙，由勒·柯布西耶于1929年设计

办公大楼设计的一部分。它采取机械通风立面开洞的形式以平衡莫斯科极端气温波动的特性。[2] 然而，这种空心墙的概念直到20世纪下半叶都没有付诸实践。[3]

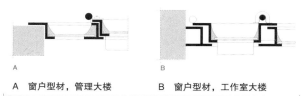

附图显示包豪斯校舍使用的幕墙型材的简单几何形体
玻璃板上的油灰腻子也用作密封条。

A 窗户型材，管理大楼   B 窗户型材，工作室大楼

第一个链接平开窗于20世纪初在市场出现。最初，每一个玻璃面板都配有双层塑钢型材，但在20世纪30年代迅速让位给包含两个独立窗扇的框架系统。在此期间，L、Z、T和H形的钢型材硬边几何形状通过改进增加锥形接触面，从而提高窗框结构的气密性。虽然玻璃构件U值有微小改善，但直到20世纪50年代都没有真正解决塑钢型材、构件接缝以及隔热效果不好的墙体和护栏的热桥问题。20世纪五六十年代，没有隔热条的单框双层玻璃窗逐渐取代链接平开窗。虽然相比于链接平开窗，双层玻璃的U值没有提高，但它减少了建筑厚度。还有一种特殊形式的双层玻璃，特点是边缘细节用焊料锡焊或焊接溶合，后者玻璃之间只有几毫米间隙。[4]

20世纪50年代的钢玻璃幕墙几乎都采用手工方式建造，而从1963年起，这些系统逐渐被工业生产的铝幕墙系统所取代。20世纪60年代初期铝结构因为缺乏隔热条，连接点的隔热和热桥不足导致频繁的水分问题。因此20世纪70年代初，通过引进隔热窗户和幕墙型材实现了这个重要建筑物理性能改善的突破。在德国，它们在1957年首次用于建筑，如由HPP Hentrich-Petschnigg & Partner设计的路德维希港BASF建筑，和1964年由马克斯·迈德（Max Meid）设计的法兰克福国家住宅。这一发展也是对1973年石油危机的反应，唤起公众有效利用资源的意识。1976年通过第一个节约能源法（EnEG），1977年通过第一个保温条例（WSchVO）。

自20世纪70年代中期起，建筑外墙的保温通过玻璃和框架组件的优化得到不断改进。从20世纪60年代起，弥补因外墙立面玻璃比例过高、室内机械空调而产生的过热和热损失等缺点成为必要。以前既没有通过经常打开窗扇进行自然通

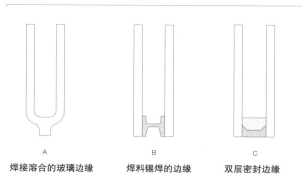

A 焊接溶合的玻璃边缘   B 焊料锡焊的边缘   C 双层密封边缘

隔热玻璃最初是用焊料锡焊（如瑟莫潘双层隔热窗玻璃）、边焊接溶合（如GADO、SEDO）以及粘结边缘（如CUDO）制作。1960年左右起，具有双重密封条的边缘粘结原则占了上风。

风，也没有一个有效的外部遮阳滤网体系。虽然有新的空调技术用来补偿建筑里的这些缺陷，但是使用这种技术导致能量消耗的增加，同时也给居住者带来健康和总体幸福感相关的各种问题，这种现象很快被命名为病态建筑综合症（SBS）。[5]但直到20世纪90年代，随着建筑气候概念的发展，今天在使用的对建筑能源效率和能量平衡的整体评估才得到有效促进，最终确立并在2002年推出节能指令。

战后现代主义建筑质量——特别是1960年以后，在很长一段时间被质疑或者完全不被注意。[6]今天许多20世纪50年代和60年代的建筑被作为

图3 今天，莫斯科 Centrosojus 大楼被建造时的缺陷和战后的修改所破坏

图4 GADOGlas，一种边缘焊接玻璃产品，1958年使用在勒·柯布西耶设计的柏林住宅单元上

20世纪窗户型材的发展

1905～2005年钢结构和铝窗型材的U值与构造

型材/系统	钢结构	型材/系统	钢结构	铝合金结构
1905年 第一个工业生产带弹簧叶片密封条的链接平开窗剖面图	U值3.6 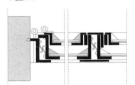	**1963年** 越来越多的钢型材由铝合金型材代替	U值无数据	U值无数据
1915年 单层玻璃窗可以拉伸的空心型材；接触面镶有橡胶	U值5.9 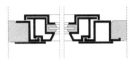	**1971年** 例如通过增加刚度，铝合金型材性能进一步改进	U值无数据	U值无数据
1929年 链接平开窗系列由特殊截面构成；截面的接触面仍然平行	U值3.6 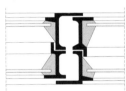	**1980年** 塑钢型材装有泡沫芯隔热材料	U值无数据 	U值3.5
1931年 链接平开窗使用特殊的倒角截面，该截面在斜面上有三个接触面；玻璃板不再配腻子，但保留玻璃条	U值3.6 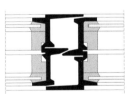	**1990年** 塑钢型材配有标准隔热条	U值无数据 	U值2.6
1953年 玻璃板用金属玻璃条固定	U值3.6 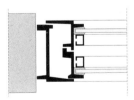	**2000年** 通过在型材（塑钢、铝合金）里形成空腔显著降低U值	U值无数据 	U值1.8
1958年 第一个双层玻璃的单扇窗	U值无数据 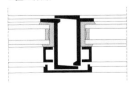	**2005年** 通过减少热桥进一步降低U值	U值无数据 	U值1.4

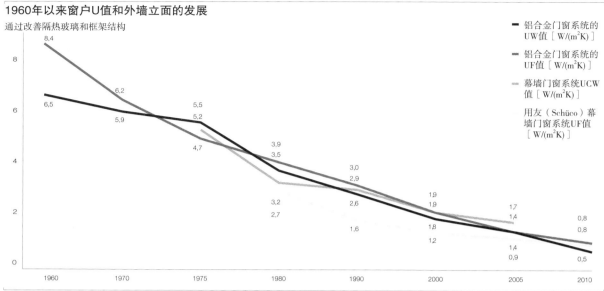

1960年以来窗户U值和外墙立面的发展
通过改善隔热玻璃和框架结构

历史建筑保护。目前关于值得保护的建筑的质量的讨论，主要围绕20世纪60年代末和70年代初的主要建筑物。[7]这一时期的有些建筑处于危险之中，因为今天的能源保护要求更加严格。

现代主义建筑立面结构的复兴策略

想要复兴现代主义建筑立面，我们需要在不同功能和维修状况的建筑里，区分出哪些具有标志性保护地位和哪些不具有。对于具有标志性建筑保护地位的历史建筑，首要任务是保持原貌。不同建筑类别，办公楼、住宅开发项目、文化建筑和工业建筑的要求不一样。关于需要复兴的范围，各个建筑（或其组成部分）的现状起决定因素。毕竟业主和用户更关注室内舒适水平、保温和隔声性能的提升，以适应今天工作场所的要求。对于标志性建筑的保护，20世纪的建筑立面需要区分三个基本修复策略。[8]

保留既有建筑立面结构

这是标志性建筑保护的经典方式。在这种情况下，只有特定构件经过修改，在很大程度上保留它们原来的样子，例如：

——维护和修理型材；

——重造原有型材；

——用 K-Glass™ 玻璃或中空玻璃替换原有玻璃；

——替换或改善密封型材。

这些措施通常只能实现保温性能的轻微改善。但总的能耗可以通过安装辅助通风和空调系统降低到一定程度。

既有建筑立面结构的增加

这也是标志性建筑保护的常用方法。这里既有建筑立面作为外层被保留。

可能出现的改变如下：

——在窗或墙上安装一个额外的内部玻璃或保温层；

——在窗或墙上安装一个额外的外部玻璃或保温层，或者作为立面或开窗带对建筑外观设计产生重大影响。

这些补充措施有助于达到现行标准，显著改善保温和室内舒适度。但如果通风和遮阳系统不能完全适应新用途，降低总能耗的潜力就不能充分利用。

替换既有建筑立面结构

这也是标志性建筑保护的常用方法，可以使其重新恢复原貌。对于其他建筑，这也是一种最常见的选项，以下方法二者择其一：

——安装单层表皮立面，或

——安装双层表皮立面。

建筑立面系统的当前标准导致建筑保温和室内舒适程度明显改善，通过使用新改进的通风和遮阳系统，还能实现总能耗的显著降低。近10年来，欧洲建筑立面的节能标准通过改造方法的不断发展而持续提高。但是由于中欧大约三分之二的写字楼是在1978年前落成，仍然有相当大比例的既有建筑尚待改造和能效提升。[9]我们挑选了一些现代建筑立面复兴案例来说明上述策略方法。

保护：哈登贝格住宅，柏林
（鲍尔·斯维伯斯，1956年）

凭借其明确的结构构件和开窗带，由鲍尔·斯维伯斯(Paul Schwebes)设计的哈登贝格住宅（Haus Hardenberg）是继20世纪20年代新建筑以来，被认为是20世纪50年代最美丽的德国建筑之一。该建筑高空悬挑形式布局，以其生动的圆角解决方案和精致突出的屋面令人印象深刻。

建筑主立面采用经典三段式划分，包括底座、主体部分和后退屋顶区域，水平构造突出混凝土平台。楼上5层风格特征是楼层通高的带形开窗构件与中间大面积固定玻璃窗格以及腰带两侧的小开口，使人联想到"芝加哥带形窗"。窗户单元由垂直的黄铜色塑钢型材细分，修长的钢框架外面涂成黑色，里面是白色。窗户构件设计为链接平开窗，特点是建筑立面窗口和保温层之间存在小间隙。型材细长的轮廓，加上材料的选择以及黑、白、铜三种颜色——赋予建筑优雅的外观。

由温肯斯建筑公司（Architekturbüro Winkens）2004年开始实施的整修，目的是保留这个历史建筑的完整性，特别是那些20世纪50年代的建筑特色构件。为此保留既有建筑的立面结构和材料非常重要。所有立面型材需要清除铁锈和油漆；更换破碎玻璃面板和遮阳滤网材料，对既有窗户配件进行大检修。亏得参与这项整修项目的工匠技艺高超，全部链接平开窗才有可能保留。建筑师用带涂层的单玻璃（K Glass™玻璃）[10]替代原来的浮法玻璃链接平开窗结构，这样才能减少链接平开窗结构的U值。尽管这种玻璃系统有了改进，但由于钢型材缺乏隔热条，不可能满足当今保温和隔声的要求。因此，建筑里的商店和办公室安装了机械通气和位于吊顶装置的中央空调。建筑服务的其他部分也要适应当前的安全要求。

建筑立面结构常见整修策略示意图

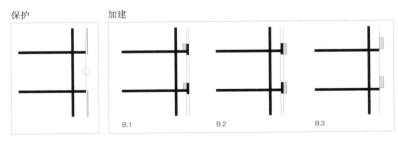

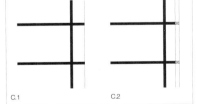

保护	加建			替换

B.1　附加的内层玻璃或保温层　　　　B.2　附加的外层玻璃或保温层　　　　B.3　连续的平面　　　　C.1　单一立面的安装
C.2　双层立面的安装

图5 ［124页］位于柏林的哈登贝格住宅建于1956年，由鲍尔·斯维伯斯设计。2004年原有建筑立面翻修后的状态

图6　开窗带由垂直塑钢型材构成。修长的型材加上黑、白和黄铜三种颜色的选择赋予哈登贝格住宅优雅美观的外观

尽可能多地保留既有建筑的这种策略，也是布伦内（Brenne）建筑师事务所在其取得巨大成功的伯诺（Bernau）ADGB学校翻修项目上所追求的，这个项目是汉内斯·迈耶（Hannes Meyer）于1928年建造的［184页］。建筑师成功地保留和检修了大部分建筑立面结构。少数情况采用相同尺寸的新塑钢型材进行重建。

加建：贝罗丽娜大厦，柏林（彼得·贝伦斯，1932年）

贝罗丽娜大厦（Berolinahaus）于1932年由彼得·贝伦斯（Peter Behrens）设计完成；与亚历山大住宅（Alexanderhaus）一起，形成通往重新设计的亚历山大广场的门户。这些建筑是柏林新客观性（Neue Sachlichkeit）风格最有名的例子。该项目是柏林市城市管理局（Magistrat）组织的一次设计竞赛主题，当时所有新建筑（Neues Bauen）风格的著名代表都参加。贝伦斯的建筑功能结构清晰，穿孔外立面有对称的网格窗以及卓越的混凝土框架结构。这座大楼正面特征由一个宏伟的远远超出屋顶线条的磨砂玻璃垂直采光井主导。

较高楼层的特点是大的正方形窗口构件，对应钢筋混凝土承重框架的结构网格。而我们必须假设，一楼的窗框和门框由黄铜型材制成，楼上

正方形窗构件则采用冷轧钢型材。这些构件被细分为正方形玻璃面板与有枢轴的窗框，可以完全扭转过来。这些外部单层玻璃窗户的玻璃板最初安装在腻子层。之后几年，安装第二层窗格时引进了一种双层玻璃窗。此外，战后还安装了内部木窗。

2005年，NPS设计事务所建筑师乔巴恩·福斯（Tchoban Voss），与谢尔盖·乔巴恩（Sergei Tchoban）以及项目合作伙伴菲利普·鲍尔（Philipp Bauer）一起，受委托根据标志性建筑保护原则对建筑立面进行翻修。天然石材表面的修理面临一个相当大的问题。在战争中饱受子弹和弹片损害的建筑立面，在东德时期又用喷浆混凝土的方法进行过修理。该喷涂的混凝土已经与泥灰岩基板壳体形成玻璃样化合物，无法在不引起进一步损害的情况下被去除。因为无法再获得原始材料，只能从榆树区域选择一种纹理粗糙程度稍微不同的类似石头。为了提高建筑的能量平衡，内部隔热材料采用硅酸钙板。

作为翻修的一部分，楼上360个窗户分别安装新的内部单元，由断热铝型材和双层玻璃构成，作为墙体保温材料安装在同一面上。这意味着外面的钢窗户已成为链接平开窗的外侧部分，可以打开背面连接处进行通风。除了建筑有一个轴线安装有经过检修的原有窗户，其他所有的历史外窗都被建筑师用专门制造的、没有隔热条的挤压铝合金型材窗所取代。以这种方式可能保留原有建筑外立面的划分，以及原有窗口型材的面宽。由于一楼商店橱窗以及沿着二楼的凸窗带原有材料和色彩不详，建筑师选择与细长窗框类似的金色阳极氧化铝型材。内部安装一个双层玻璃的隔热窗户结构。用背面涂着白瓷釉的白色安

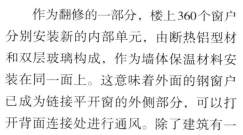

柏林的哈登贝格住宅　窗口构造细部

A　原有构造

B　2004年温肯斯建筑公司翻修时，仍然使用原有型材，但换了新的内部玻璃（K Glass™）和新的密封条

图7 ［125页］见第123页
图6

图8　哈登贝格住宅的钢链接平开窗，内外部窗扇都配有单层玻璃

图9、图10 ［125页］彼得·贝伦斯于1932建造的贝罗丽娜大厦立面翻修之前，被战后无情的干预所毁坏

图11 ［125页］翻修后的建筑立面恢复原来的设计

全玻璃代替原来的乳白色磨砂玻璃，这样可以重新获得原来玻璃的效果。[11]

替换：柏林欧洲中心办公楼（Hentrich-Petschnigg & Partner，1964年）

柏林布赖特施德广场（Breitscheidplatz）的欧洲中心办公楼（Europa Center）一直是曾经的西柏林的中心。该建筑群由三个建筑物组成，包括一楼的店中店商场和楼上的高层办公塔楼，由建筑师HPP在1964年设计完成。欧洲中心，与埃贡·艾尔曼（Egon Eiermann）设计的包括威廉皇帝纪念教堂废墟在内的新纪念教堂一起，成为西柏林市中心区域重建的象征和标志性建筑。

建筑低层部分和办公塔楼的表皮是铝立柱与横梁构造，采用结构主义的设计理念打造的国际风格，一种从经典现代主义发展而来的风格。一个有两排平行支柱的混凝土框架支撑的混凝土平台，占地面积47.30米×17.30米。柱子后退立面和平台正面约1米，所以幕墙立面赋予建筑一个均匀的表皮。该办公大楼幕墙设计基于1.875米的网格模块。外墙连续突出的柱之间的大型固定玻璃单元与不透明拱肩板垂直相间。室内空间被细分为各个办公室。两个办公单位与人工照明的走廊区域一起连接一个中央服务核心。

乌塔·波特吉赛尔(Uta Pottgiesser)教授、博士工程师。乌塔·波特吉赛尔曾是柏林的建筑师，现为东威斯特法伦—利普应用技术大学（Ostwestfalen-Lippe-University of Applied Sciences）德特莫尔德（Detmold）校区的建筑施工和建筑材料教授。2002年，她在德累斯顿建筑施工学院完成她的"多层玻璃结构"博士学位。在德特莫尔德建筑和室内设计学院，她是"建造实验室"（ConstructionLab）研究项目的代言人和"国际建筑立面设计与施工"硕士课程的创始人之一。她是建筑施工和建筑立面，包括立面玻璃涂层等领域各种教科书的作者和工程专家。

朱莉娅·基尔希（Julia Kirch）硕士工程师。（应用技术大学）朱莉娅·基尔希是东威斯特法伦—利普应用技术大学"建造实验室"研究项目的研究助理。她以前学的是室内设计和建筑，然后在不同的建筑师事务所工作。虽然受聘于德特莫尔德学院建筑与室内设计系，她仍然为建筑施工和建筑外墙领域若干出版物的出版贡献力量。

www.hs-owl.de/fbl
www.constructionlab.de

既有办公楼改造为现代化办公大楼，也是由HPP建筑师在2001年完成的。目标之一就是对前西柏林城市中心的典型外观铝幕墙立面进行翻修。另一个目标是室内改造，创建一个配有最新家具和相应舒适度的现代化办公景观。既有幕墙立面替换为带有链接平开窗构件的铝合金双层幕墙。借助新的双层幕墙和外部安装的单玻璃系统，就有可能复制原始立面纤细的外观及其狭长垂直排列的型材。外层玻璃系统可以有效地掩盖内部双层玻璃安装所需的型材宽度。内层用作隔热，表皮和狭窄的间隙可以保护建筑免受太阳辐射、风雨等天气的影响。与原来设计相反，新的建筑立面允许一些房间借助外部单层玻璃表皮位于拱肩板上下的通风槽自然通风。内部窗扇构件可以打开。这种结构显著消减建筑围护结构热传递的损失，降低运营成本和空调耗能。

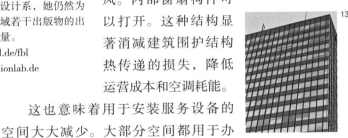

这也意味着用于安装服务设备的空间大大减少。大部分空间都用于办公室。总之，新的布局设计使建筑使用具有更大的灵活性。新的布局提供经典的蜂窝状独立式办公室，也有群组式、组合式及开放式的办公室。此外所有建筑服务设备的安装，如采暖和通风管道、电气及数据电缆布线，都安放在贯穿整个外围的服务管道里。这意味着在许多情况下可以使用透明分隔墙，大大提高办公区的自然照明。

图12　[128页] 在2002年HPP进行的翻修中，塔楼的单层幕墙由从外面看起来几乎一模一样的双幕墙系统所取代

图13　[128页] 立面图：从外表皮后面可以看到新近安装的遮阳滤网构件

14

15

12

16 | 13

建筑师施耐德+舒马赫在法兰克福西斯迈耶大街的一个办公楼翻修项目上采取类似策略。该建筑由SOM建筑师事务所设计，建成于1955年，用作美国总领事馆。原来的钢框架建筑无支撑墙，翻修后保留其扁平的底座、凹进去的中部和一个细长塔楼的划分特点。这样用来增加高层建筑长和宽的附加的网格部分，既满足节能标准所需，又不会因为建筑立面结构较厚而丢失过多的空间。金属结构的幕墙立面在当时是一种新颖的特征。作为该类型的重要范例，它享有标志性建筑保护地位并得到精心修复，并考虑到保温、隔声和防火安全的现行法规。尽管技术升级后，建筑立面外观保持不变：一层和二层的原有单层表皮双层玻璃包括上悬和下悬窗扇，被复原并增加外部遮阳滤网。上面楼层的窗户包括一个内部的双玻璃层、一个外部的玻璃面板以及加设在中间空隙的遮阳滤网构件。建筑最初设计没有遮阳滤网。由于缺乏遮荫会导致室内过热，因此决定给整个建筑配备遮阳滤网构件作为翻修的一部分。建筑师们关注立面的配色方案，尽可能与原来的型材匹配。为了精确匹配型材的香槟色，有必要进行多种颜色的测试和检查。

欧洲以外的更新项目

其他欧洲国家和欧洲以外的国际或现代运动风格建筑，都经历过类似的结构和物理问题。通常，这些缺陷因为有问题的建设标准和低质量的建材变得更加严重。自20世纪30年代起，欧洲和温带气候区发展起来的建筑立面设计和建筑理念，常常被灌输到其他大陆，但却不能充分适应当地气候条件。像中美洲和南美洲，以及亚洲的许多国家，适应性的改造概念还尚待开发。与巴西等国家的一些科学家、执业建筑师和工程师的讨论表明，这些国家居民对舒适度和能效的需求要比过去更高，建筑立面设计与施工也带来相应的后果。为达到此目的而实施的优化措施，可视为生活标准提高和技术进步的表现，同时也是解决气候变化问题的一种必要手段。尽管有关于这些能效和气候保护的活动和国际辩论，新兴国家的业主由于成本原因，仍倾向避免按照节能、隔声以及其他因素来投资既有建筑立面的改进。一个灵活可用的房产长期和持久的价值，无论是有形还是无形的，都为建筑拥有者和投资者提供一个有力论据来支持这些建筑的更新，它们是城市景观的重要因素。要想成功地把这样的讨论引向国际水平，就必须指出这些现代主义建筑的特殊性和价值。能量参数和内部舒适度的改善将带给这些建筑一个延续和长期租赁的生命，正如奥斯卡·尼迈耶（Oscarr Niemeyer）在贝洛奥里藏特（Belo Horizonte）和圣保罗设计的那些一样。[12]

1. Prudon, T. H. M., *Preservation of Modern Architecture*. Hoboken : 2008, pp. 20 - 22.
2. Blum, H.-J. et al., *Doppelfassaden*. Berlin, 2001.
3. Pottgiesser, U., *Fassadenschichtungen - Glas. Mehrschalige Glaskonstruktionen: Typologie, Energie, Konstruktionen, Projektbeispiele*. Berlin, 2004.
4. Voelckers O., *Bauen mit Glas. Glas als Werkstoff, Glasarten und Glassorten, Glas in Bautechnik und Baukunst*. Stuttgart, 1934.
5. Oswalt, P. (ed.), *Wohltemperierte Architektur. Neue Techniken des energiesparenden Bauens*. Heidelberg, 1995.
6. Dorsemagen, D., *Büro- und Geschäftshausfassaden der 50er Jahre. Konservatorische Probleme am Beispiel West-Berlin*. Technical University Berlin, Architecture : Dissertation, 2004.
7. Rauterberg, H., " Wie ich versuchte die 60er Jahre zu lieben ". In : *DIE ZEIT* No. 11, March 11 2010, p. 47.
8. Ebbert, T., *Re-Face. Refurbishment Strategies for the Technical Improvement of Office Façades*. Technical University Delft, Architecture : Dissertation, 2010.
9. Russig, V., *Gebäudebestand in Westeuropa*. IFO Schnelldienst, vol. 52, issue 12, 1999, pp. 13 - 19.
10. 皮尔金顿（Pilkington）K Glass™，是皮尔金顿集团有限公司的品牌名称。
11. *Die Neuen Architekturführer No. 100*. Berolinahaus Alexanderplatz Berlin. Berlin, first edition 2007.
12. Pottgiesser, U., " Revitalisation Strategies for Modern Glass Facades of the 20th century." In : *Proceedings STREMAH 2009*. Eleventh International Conference on Structural Studies, Repairs and Maintenance of Heritage Architecture. Southampton, 2009.

图14　柏林的欧洲中心：2002年修复期间可以看见施工情况和双立面的内遮阳

图15、图16　奥斯卡·尼迈耶在贝洛奥里藏特设计的前BEMGE办公楼：为抵消内部过热，大楼加装的空调机组已显著影响其外观

转换

　　建筑要适应新的用途，因为旧的已经过时。从新用途的角度对老建筑进行转换往往是老建筑生存的先决条件。

　　一般来说，建筑转换做出的适当努力会使建筑更经济——而且几乎总是比新建筑对环境更具可持续性。然而，适当的再利用仅仅意味着成功地将新的用途放进一具旧躯壳。

　　给人最好的感觉是建筑在其转换的时刻，终于实现自己真正的命运：在维尔道修道院入口旁边有一个有着600年历史的附属建筑，多年来一直被忽视，现在通过一次彻底修复和免于受损的扩建，变成一个时尚文化商业和餐饮中心。在塔林，坚固耐用的厂房遗址被证明是个优雅庄严的住宅和办公楼的理想基础，一个新经济繁荣的象征。所有这里提到的案例，它们过去的痕迹变成了新用途的美学背景。适应性再利用理念揭开建筑物的潜力，给了它们第二次生命。

4

1

7

5

9

3

2 | 8

6

法勒大楼

——KOKO 建筑师事务所

1|2

3|4

图1　从造纸厂到住宅和办公塔楼：塔林的
法勒大楼
图2、图3　在充满老工业遗址特征的区
域，转型后的工厂象征着一个新的开始，
它在通往机场的沿路非常醒目
图4　改造前废弃的造纸厂

石头躯干上的玻璃头

前造纸厂转换为住宅及办公楼

KOKO 建筑师事务所，塔林

就像一块守望的石头，老纤维素和造纸厂醒目地位于爱沙尼亚首都塔林的一座小山上，前面的道路是直接通往塔尔图（Tartu）和机场的主干道。这个始建于1926年的建筑，以其中一任厂长埃米尔·法勒（Emil Fahle）的名字命名，一直运营到20世纪90年代初。然后就一直空置着，塔楼1.2米厚的石灰岩壁已经明显恶化。2001年的冬天，一群爱沙尼亚建筑师在这个老工厂里碰面，集体讨论并想利用这个令人注目的工业建筑产生新的用途。他们想出创建一个文化工厂的主意，作为画廊、艺术家工作室和音乐家的活动地，以及塔林剧院的一个新地点。

事实上，爱沙尼亚艺术学院也有兴趣在大楼设立分公司。特里因·奥亚瑞（Triin Ojari），爱沙尼亚建筑杂志《山峰》的首席主编回忆："通向楼上的楼梯栏杆都没有了，高处的空虚是令人难以置信的寒冷，但我们都被这个巨大产业空间的神秘魅力和无尽的走廊所吸引。"

文化工厂的设想没能实现。但是至少建筑底部现在容纳著名的艺术画廊、餐厅和健身室，办公室楼层最大的租户之一是一间电视演播室。建筑其余的大部分，有近三分之二的总面积为公寓所用；西边的公寓可以眺望塔林和波罗的海的美妙景观。整个建筑根据KOKO建筑师事务所的设计理念进行转换，为这个迄今惨淡的塔林外围区域带来新的重点。KOKO清晰的建筑理念令人信服：在原有8层建筑上附加6层，来突现这个雄伟建筑的位置及塔楼特征——从两个层面上诠释了叠加这个词语的含义。

从石头外立面边缘后退1米标志着向九层新加建楼层的转变。优雅的后退建立起新与旧之间的空间联系，也是对用作历史建筑基础的两个主要檐口的回应。

第十～十四层的双层幕墙采用三种色调略微不同的绿色玻璃。其结果是窗户分散光线，根据光入射的不同视角形成各种颜色，大的矩形玻璃箱体在阳光下闪闪发光，与略微粗糙的石头底座外观形成鲜明对比。不同像素的颜色、不同色彩的玻璃窗赋予固有光滑立面以活力与新鲜感。该建筑共有110间公寓，每间面积在30～145平方米之间，三分之二的房间位于上部玻璃结构。根据不同的装修和景观，它们的价格每平方米高达3500欧元左右。

新楼层，犹如一块石头般躯干上的玻璃头，把整个建筑打造成一个从远方可见的里程碑。作为一个现代的扩建部分，新楼层无可否认地形成识别性。破旧工厂场所的改造执行得如此自信而全面。突然间，阁楼生活成为塔林相当多年轻人和成功人士趋之若鹜的时尚。几乎所有公寓都以迅雷不及掩耳的速度售出。

工厂转换成为一个商务中心和全景式阁楼建筑，让它的创建者埃米尔·法勒非常高兴。他是一个真正白手起家的人：1895年，这个铁路工程师的儿子，从德国移民时口袋里只有5卢布，最初作为工厂的工人。不到五年时间，只有24岁的他已经上升为这个工厂的主管。FPJ

建筑扩建楼层的剖面图

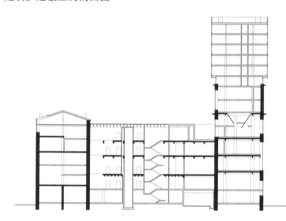

六层平面图

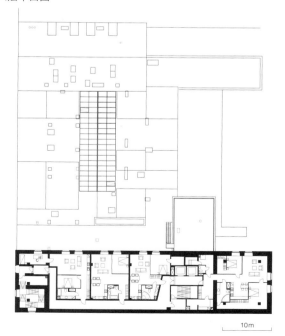

10m

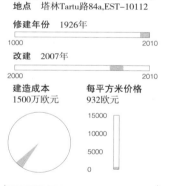

项目资料

客户　Koger Kinnisvara
建造成本　1500万欧元
建筑占地面积　2568平方米
使用面积　16100平方米
使用功能　60%的公寓，25%的办公空间，10%的商业空间，5%的停车场
总建筑面积　19400平方米
建成时间　2007年
项目管理　Raivo Kotov, Andrus Kõresaar
室内设计　Liis Lindvere, Raili Paling, Liisi Murula（KOKO建筑师事务所）
地点　塔林Tartu路84a,EST-10112

修建年份　1926年
1000　　　　　　　　　　　2010

改建　2007年
2000　　　　　　　　　　　2010

建造成本　　　　　每平方米价格
1500万欧元　　　　932欧元

15000
10000
5000
0

5

6

7

8

9

图5　带会议室的办公室单位
图6　皮拉内西（Piranesi）的造纸厂：整修工作开始之前的室内景象
图7　其中一个交通区域
图8、图9　建筑的工业历史仍然存在于公寓许多地方：五层的筒仓漏斗

罗兹安德尔酒店

——OP建筑师事务所

罗兹（波兰）
旧工业——18、132、148、152、161页
新餐厅/酒吧——28、92、156、168页
旅馆——168页

1

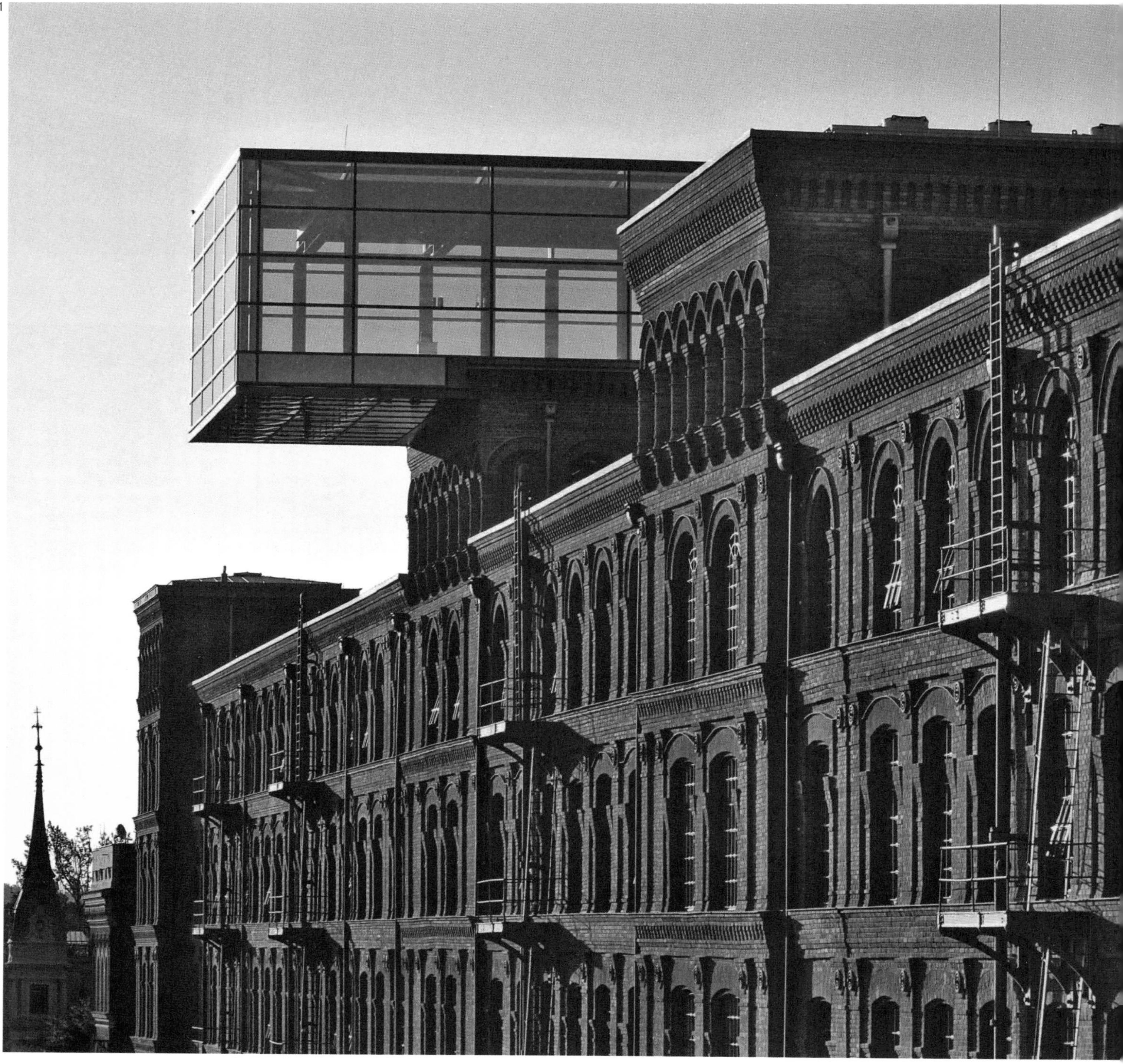

图1 沿立面景观显示出厂房7层楼高200米长的巨大尺寸。酒店游泳池如同玻璃盒子一样悬挑超出立面

波兰的曼彻斯特成为时尚

前纺织厂转换成酒店

OP 建筑师事务所，维也纳

1810年，罗兹（tódź）是一个冷清小镇，约有200名居民。1897年，不到90年，314000人生活在这个城市，直到今天它还是波兰第二大城市。罗兹是波兰19世纪末的新兴城市，与曼彻斯特相同，都受到资本主义所有负面作用的影响，包括几个被血腥镇压的工人起义。然而罗兹也是波兰1899年开设第一家电影院的城市，这里波兰人、德国人、俄罗斯人和犹太人共同在繁华与自然共存中生活。纺织行业把罗兹转变成大都会；1904年罗兹共有546个工厂，70000名员工。

其中一个最大的工厂属于以色列的波兹南斯基（Roznanski）。1887年，创业者创办一家织布厂，让人想起大小规模相似的远洋客轮，不平滑的砖立面完全由壁柱、砖石梁托和檐口清楚地表达。这是一个充满嘈杂机器的产业大厅，但却有着纪念性建筑的立面。近200米长、33米高的红砖饰面庞然大物共有7层，总生产面积达40000平方米。

直到20世纪90年代，该工厂一直用于工业用途，随后就空置了。拆除肯定是该建筑最有可能的前景，毕竟尺寸这么巨大的建筑该如何转换？

今天，通过精心修复的建筑仍然见证着罗兹的喧嚣繁荣，这要归功于奥地利投资者的胆略和OP建筑师事务所的沃依切赫·波普瓦夫斯基（Wojciech Poptawski）、安杰伊·奥尔林斯基（Andrzej Orlinski）的热情。他们在把投资建议变成现实的过程中展示了巨大的敏感性，把体量如此巨大的砖石建筑转换成一个设施齐全的四星级酒店。

事实证明对这个目标而言，巨大的空间体量并不是个障碍，相反它是一个复兴的王牌。建筑给278间客房和套房，还有底楼面积达3100平方米的会议中心，顶楼带游泳池和健身景观的水疗中心，以及能容纳800位客人的舞厅空间提供了足够空间。这个舞厅有1300平方米，约占第四层面积的一半，并在声学上与建筑其余部分隔开。7米高的宴会厅是波兰中部最大的宴会厅。除了设施，还有位于底楼和顶楼的酒吧和餐厅。用餐者在餐厅会发现自己身处一个广阔、尺寸适中的大厅，四周一圈4米高的铁柱；浅普鲁士拱顶没有吊顶，典型的铸铁、钢、砖建造的19世纪后期建筑。只要有可能，比如楼梯和大堂区，

建筑师保留并恢复工业建筑外壳并巧妙地运用现代元素点缀它。这样就与伦敦设计师杰斯提科（Jestico）+维尔斯（Whiles）做出的客房和部分用餐区端庄的室内设计，形成一个有趣的对比。

沿着建筑纵轴切除部分楼板形成一个椭圆形的内院，贯通所有7个楼层。该庭院在水平横向为主的开放体系里引入垂直重点。

第二个主要干预措施实施在外壳上，也是建筑修复值得一看的地方：一个透明的盒子，从主立面屋顶露台大胆地悬挑出来。里面是一个健身区的游泳池。

项目资料
客户　瓦瑞姆佩克斯金融与参股公司（Warimpex Finanz- und Beteiligungs AG）
建造成本　7000万欧元
总使用面积　33300平方米
总建筑面积　40100平方米
酒店房间数量　220个房间和58个豪华套房
特点　2009年欧洲酒店设计奖；2010年合约杂志"活化再利用"类别室内设计奖项；房地产行业奖项。2010年MIPIM"特别感谢嘉宾"奖。
建成时间　2009年
建筑设计/项目管理　OP建筑师事务所，Wojciech Poptawski, Andrzej Orlinski
室内设计　Jestico + Whiles
地点　罗兹Ul. Ogrodowa, PL-91065
修建年份　1887年

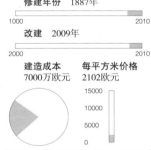

改造后建筑的剖面图

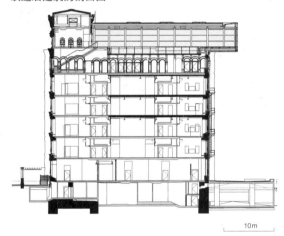

通过地面层的剖面图

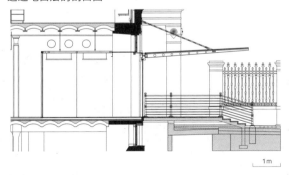

建筑师用铸铁水箱构成游泳池空间整合到建筑顶楼。透过泳池的玻璃层可以辨别出旧水箱壁的左、右两边。水箱壁建于130年前的曼彻斯特，作为当时非常先进的灭火系统的一部分与工厂屋顶结合在一起。当从池中抬头自由地仰望天空，游泳者享受整个城市的屋顶全景。以其令人目眩的高度，游泳池内部空间和城市景观相融合——泳池的水和罗兹的天际线交融在一起。进入老厂顶楼的人们今天来到这里享受这个城市：一个工人历史的城市。FPJ

图2　建筑中心椭圆形的楼板开口
连接各个楼层
图3　普鲁士拱形砖顶棚的酒店大
堂：工业建筑揭示出无法想象的
优雅
图4　带有会议座位的活动大厅
图5　其中一间套房的客厅
图6　位于酒店屋顶上的水疗和游
泳池
图7　屋顶露台

建筑骨架的结构性检查
——既有建筑的改造设计
——一个结构工程师的经历

设计说明书应该就某一特定任务的处理以及某一特定问题的解决给读者以帮助和启发。应该提醒大家的是在结构设计中没有万能的方法。在我25年的实践中，我经常遇到一模一样的缺陷，但事实证明却有着不同的原因。然而，可持续性翻新的实现，需要不断探讨任何导致缺陷的原因。因此所有的工作必须首先从分析历史案例的优劣开始，这样才是既有结构的改造设计工作，而不是要去反对它。

赖纳·亨佩尔（Rainer Hempel）

历史案例

一般来说，系统地处理问题而不是妄下结论是有好处的。我们总是从历史案例开始：对所有相关建筑物历史和建筑过程中的可用信息进行编译、整理和评估。

获得的背景信息越多，建筑翻新或其他建造工作就会越成功和经济。对既有建筑的图纸进行检查，哪怕部分检查，都很重要。例如，前法兰克福黑森州立银行改建时，我们能够找到既有建筑的优秀图纸。

其中包括一套提交建筑控制审批的完整详图和工程模板图。然而，当我们根据图纸对既有建筑进行核对时，我们发现既有混凝土中部的开口与批准的工程模板图纸并不吻合。相对于图纸，电梯门洞开得较大，穿过房屋设备的大小和位置也修改过——这个项目清楚地表明，在进行施工时设计本身也在调整进步。由此可见，除了那些提供给我们的图纸，应该还有更近时期的或至少已存在的图纸，因为这种规模的项目是不太可能通过现场口头指令来改变钢筋混凝土核心的模板。

配筋布置所需要的新几何模板设计和相关修改需要详图。经过广泛的研究和持久的调查，我们在公司档案中，发现了我们一直寻找的有关壳体结构的文件。唯有这样才可能显著降低业主的财务费用，同时减少因细部和材料的调查拖延太长时间。

诊断

我们方法的第二个步骤是诊断。在这个步骤中，我们要进行评估。在这里，区分导致缺陷的原因和缺陷产生的影响非常重要。从帮助建筑师和设计师决策这个意义上来说，分析优缺点是富有"建设性"的。对于结构工程师而言这一部分是最有创意的阶段。

治疗

第三个步骤我们称之为"治疗"，包括结构完整性的文档。对于历史建筑和那些有严重损伤的建筑，治疗步骤非常重要，因为它是成功解决方案的前提，包括整修、复兴或加固建筑物。

项目示例

结构工程师的任务是通过结构计算表明建筑结构的完整性和适用性。对于新建建筑，我们手边随时要有一套法规、标准、结构理论，以及适用于当今建筑构件的测量、连接方法和相关材料等。今天对老建筑可用的监管手段，就算有的话相关性也有限。过去的建设者有他们自己或多或少遵循的规则和条例。因此，当评估一个建筑时，我们无法避免要考虑施工期间生效的标准和规范。当然，我们还要考虑建筑的预期用途，特别是由此造成的外加荷载。

当前的典型案例是我们的一个项目，在德国的巴特赫尔斯费尔德（Bad Hersfeld）的

Stockwerksfabrik。从本质上讲，这是由建于1910年的早期钢筋混凝土结构组成。这种新材料，早期的钢筋混凝土，被用于非常经济、细长的部分：楼板被设计为800~1000千克/平方米（kg/m²）[相当于今天荷载的8~10千牛顿/平方米（kN/m²）]。不幸的是结构设计，如结构计算、定位图以及模板和钢筋图纸都没有了。这意味着，我们必须进行彻底的调查和案例研究，包括对缺陷结构、调查、样品采集、评估等材料的记录。按照今天的标准，我们发现了一些被认为是严重的缺陷：例如混凝土梁箍筋没有闭合。而且根据现行标准，某些地方现有挠度和抗剪钢筋明显不够，这意味着有必要大量增设。

在这种背景下，我们有必要辩证地看待我们当前的职业思考。如果我们认为"我们1910年的同事怎么会做出这样'不适合'的事情"，这种看法完全基于今天主观的思考角度。

反之，我们1910年的同事们很可能会对我们自以为是的批评颇为惊讶。

对结构工程师而言，在建筑历史中遨游，特别是走进建筑施工的历史，有助于他们获得看似不可逾越的不同观点：钢筋混凝土结构仍是一个相对年轻的施工方法。德国的第一个钢筋混凝土设计在1890年后不久出现，然而直到1905年才在普鲁士出现第一次规定和测量方法。因此在当时钢筋混凝土还是一种新型材料，它在制造工艺以及施工条例和测量方法上的应用仍处于起步阶段。

1900年左右反映这种材料建设技术最新状态的理论和实践建议，都与克嫩（Koenen）和莫尔施（Mörsch）两个名字相关联。尤其是埃米尔·莫尔施的《钢筋混凝土理论及其应用》[1]的标准工作，提供给当代设计者最新的技术基础。

当我们看到这些1910年左右的规定，我们会发现封闭箍当时还没有纳入其中。这些被我们认为不足的设计在当时是符合1910年的科学标准的，因此代表最佳实践。[2]

一个承重结构服务100多年都没有检测到什么缺陷，它已经用实践证明了相关规范结构的合适性。当然，今天我们可以在计算机上利用有限元的方法来可视化和更逼真地确定所有结构空间。但我们依然无法在一个位置完全没有任何疑

问地来确定结构完整性设计。

那么我们怎样才能根据基本建筑规范要求，找到一个满意的解决方案来记录建筑物的结构完整性呢？

在实践中，我们采用多种方法：最优雅的选择是涉及所谓"相对安全"的方法。在这种情况下，我们首先假设一个前提，既有结构已履行其承重功能与现有的外加荷载几十年。如果这几十年都没有检测到缺陷，该结构完整性因子显然大于1。即使能够检测出某些缺陷，该因子的结构完整性仍然至少是1。在这样的情况下，通过从原有承重结构分离的各种方法来努力提高结构安全到规定的水平，是有道理的。其中一种方法是通过改变建筑未来用途来减少施加的荷载。另一种减少负荷和结构应力产生的方法，是去除地板饰面、顶棚等诸如此类的东西。以这种方式通常可以增加既有结构安全系数的10%。通过插入额外承重构件也能够相对容易且准确地确定结构安全。但我们不应该忘记的是，一个设计和施工是不"知道"我们是如何计算出它的尺寸。在实际施工中，它总是对起作用的力量和物理规律做出反应。这意味着额外增加的结构构件，如果其变形程度与现存的相同，它只参加荷载转移。因此配筋通常应安装在预加应力之前。这种情况下，它们将立即参与既有结构的承重功能，通过附加偏转直接帮助传递施加的荷载。

另一种评估结构承重能力的方法是实行负荷试验，直到达到突破点为止。这是一个很好的方法，可以测试到承重构件强度的极限点。但这样的试验无法在现场进行，需要测试设施的实验室。为了得到数字统计上可靠的结果，需要运行一些测试。这种测试方法只适用已有足够的结构

赖纳·亨佩尔

教授、博士工程师。赖纳·亨佩尔，出生在公元新城奥尔拉（图林根），在不伦瑞克工业大学（Tu Braunschweig）学习土木工程。从1979年到1981年，他在不伦瑞克雷赫鲁德·马丁（Rehrund Martin）博士的事务所担任结构工程师。从1981年到1987年，他在不伦瑞克结构分析部门担任研究助理。1981年，他在不伦瑞克创办亨佩尔及合伙人事务所（Hempel & Partner）。他于1986年获得博士学位。他从1989年到1991年是德国锡根大学的教授。从1991年起，他一直是科隆应用科学大学建筑学院的教授；从1998年到2002年他担任学院院长。在2004年，他和亨佩尔及合伙人事务所搬至科隆。事务所提供结构工程相关的所有范围服务，特别为既有结构的修复、历史承重结构的复兴以及为新建筑开发创造性的结构概念。

www.hempel-ingenieure.de

构件且未来不再需要的情况，例如安装额外的楼梯或电梯。[3] 荷载明确低于极限的试验测试也可以在现场进行。然而，必须要提的是，在这种情况下需要非常复杂的偏转测量。对于钢筋混凝土和钢筋混凝土构造，重要的是确保钢筋在其弹性范围内不会发生塑性变形。

柏林大道办公和零售建筑的振兴，杜塞尔多夫[4]

这栋大楼可以追溯到1954年的混凝土框架结构。可以拿到当时施工时的完整图纸。结构尺寸符合当时法规，所以建筑所有人不需要干预。然而事实证明建筑结构安全方面的支撑没有任何书面证据。在案例研究期间，当我们第一次在现场勘测时，我们注意到混凝土表面粉化情况非常严重，一碰到就会有细小的灰尘粘在手中——这是混凝土骨料中黏土成分的征兆。这些黏土限制或阻碍混凝土的晶粒形成，让它不能充分发挥其全部应力。我们怀疑混凝土质量不过关，决定对岩芯进行采样。测试表明样品既不是 B 225 也不是 B 300 的混凝土质量，现有混凝土仅有 B 80 的质量，在最近的分类方法中这相当于 C 8 的混凝土质量，这种钢筋混凝土就算在当时年代施工也不允许。这样的结果真

是令人吃惊。但我们知道在20世纪60年代之前，直接从砂石骨料获得材料的做法并不鲜见。因此不难发现各种档次的混合黏土骨料。但到1960年左右，聚合材料开始进行筛分与洗涤，因此材料能够被分级定义到晶粒直径，从而用于生产出高品质的混凝土。

由于原有混凝土抗压强度低，显然需要一个承重的混凝土层与既有横截面组合共同受力。通过加入一个C20/25高标号的混凝土（这种混凝土与既有的级别C8有较大的差异）使弯曲压力区增加5厘米，从而显著改善承重能力。这种方法在功能和实用方面的有效性需要被确定和记录。为了这个目的，我们要求建筑物中的测试区域具备如下条件：

- 喷砂混凝土表面/露出晶粒结构
- 直接在既有楼板上铺设配筋
- 用钻头和胶水的方法来机械固定插头，包括完全封闭附加配筋的箍筋帽
- 通过真空抽吸去除混凝土灰尘及松动的石头
- 通过喷涂形成环氧树脂粘接层
- 用增塑剂和粒径限制形成混凝土粘结层
- 在粘结层未干之前应用这种混凝土
- 处理混凝土表面，满足平整度公差级别
- 完成混凝土表面

为了支持混凝土的最新负荷和减少由此产生的挠度，楼板必须通过3层楼高的临时支柱来支撑。

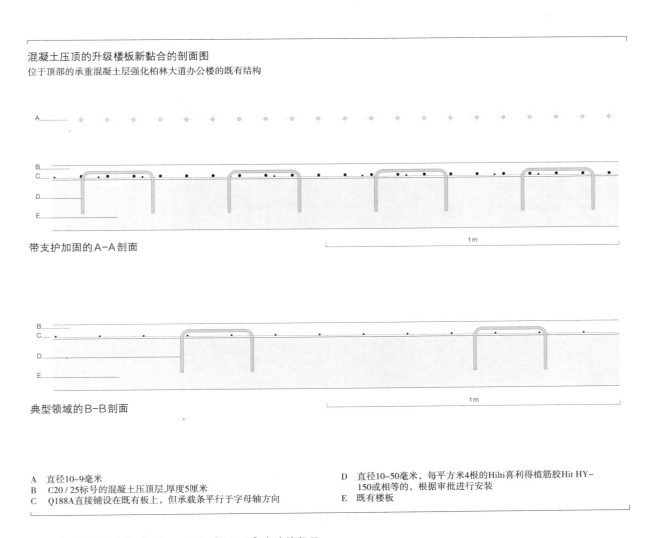

混凝土压顶的升级楼板新黏合的剖面图
位于顶部的承重混凝土层强化柏林大道办公楼的既有结构

带支护加固的A-A剖面   1m

典型领域的B-B剖面   1m

A   直径10-9毫米
B   C20/25标号的混凝土压顶层，厚度5厘米
C   Q188A直接铺设在既有板上，但承载条平行于字母轴方向

D   直径10-50毫米，每平方米4根的Hilti喜利得植筋胶Hit HY-150或相等的，根据审批进行安装
E   既有楼板

图1［144页］由维多利亚保险股份公司（Viktoria Versicherung AG）委托对1954年的办公楼进行改造，改造前的情况

图2［144页］由建筑师巴特尔斯（Bartels）和格拉芬贝格尔（Graffenberger）改造的立面景观

1

2

4

6
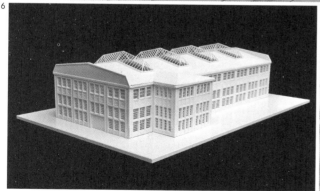

5
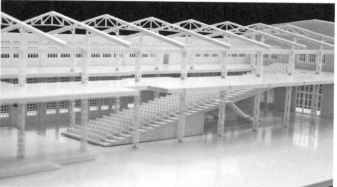

本诺席尔德公园，
巴特赫尔斯费尔德[5]

2009年当巴布科克—博西华（Babcock–BSH）机械厂（原来的本诺席尔德公司，Benno Schilde company）搬出其楼宇，迁到巴特赫尔斯费尔德老城区中心北部时，给镇议会提供了一个独特的机会来购买其物业，并在原有的工业用地上建起一个休闲空间。

原生产厂房和办公大楼被拆除，但西边的工厂车间和前装配大楼因为其标志性建筑的保护地位而被保留（见总平面图）。

土地重新分区形成具有文化和教育功能的城市公园，其中心因为盖斯小河（River Geis）的复活而进一步增强。以前工厂建成的时候，盖斯小河被掩在钢筋混凝土板下面消失不见了。

废弃的工厂车间转换为
一个科学中心和教育机构

直到2009年底以前，工厂一直用作仓库建筑。它包括一个没有地下室的北翼和一个有地下室的南翼。两翼都有三个完整楼层。该建筑的不同部分建造于不同的时代，在设计和材料上都有所不同。

建于1904年的北翼是一个混合结构：装饰华丽的砖外墙立面覆盖着多层木结构。所有楼板都是木梁结构，由两个木梁支撑贯通建筑长度。木梁反过来又由木柱间隔支撑。

1910年至1913年间，工厂车间南翼进行加建：一个坚实的砖石构造，同样具有带壁柱构件的装饰砖砌外墙立面。内部承重结构使用当时最现代的建筑材料——钢筋混凝土。至于北翼，它的两个支承梁沿着建筑长度再一次形成一个三开间布局。次梁与主梁形成直角，支撑着厚度为10至12厘米的楼板。主梁通过弧形接头连接到钢筋混凝土柱子上。

鉴于使用要求，南翼荷载设计相对高，800~1000千克/平方米相当于现在的8~10千牛顿/平方米。作者的案例研究没有发现任何严重缺陷。然而很明显配筋没有足够的混凝土覆盖，因为它在某些地方暴露出来。为了更好地进行修复，我们采集材料样品，打开构造的某些部分。

转换后的本诺席尔德工厂底层平面图

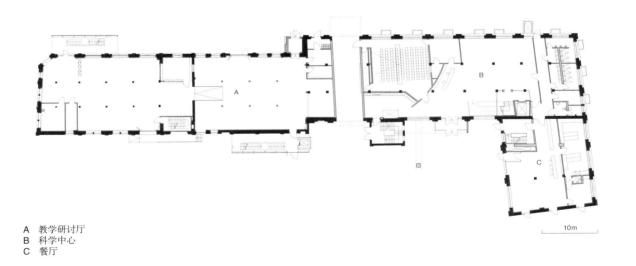

A　教学研讨厅
B　科学中心
C　餐厅

10m

结果令人惊讶。B225混凝土质量品质和我们期望的一样好，相当于我们现在的C20/25。除了剪切筋及箍筋，配筋量几乎满足现行标准规定。当时著名的钢筋混凝土研究员，埃米尔·莫尔施作出以下声明："正如后面试验描述证明的一样，箍筋在梁的抗剪强度中只起次要作用，它们在实际考虑中主要的用处是安全连接梁板和确保其摩擦阻力。"[6]

这就是当时设计师们遵循的原则。那个时代其他设计条例规定某些配筋不用放在我们今天规定期望它们安装的地方。例如与主梁的拱形接头没有增强，因此，它原则上不负责荷载传递。但是由于位于横梁偏转区的受压一侧（在所述支柱梁的下方），即使压力区不被箍筋包围，它们在一定的程度上也要被考虑。还有一个事实就是它们没有任何裂纹。[7]

在众多考虑当地条件和各种结构模型修正的比较计算帮助下，我们能够提供建筑结构安全性的证据，但与现行标准还有相当的距离。在这种情况下，关键是负责监督该建筑规范的权威机关对结构工程师的推理持开放态度，并同意这种观点。

前装配大楼转换为活动场所

本诺席尔德机械厂的装配大楼Ⅱ是典型的三开间大厅建筑，建于1912年。实心外墙用砖砌成，内部成列的钢框架结构有两排桁架梁支撑；这些构件传递来自画廊、一条13.5吨重的吊车跑道以及屋顶构造的所有荷载。屋面结构包括横跨建筑开间的三角桁架和两侧开间的轧制托梁。这形成一个略微倾斜的坡屋顶，在网格线上间隔插入同样倾斜形式的玻璃屋脊天窗。

原装配大楼转换为活动场地要求有固定的舞台以及所有现代旅客服务设施。连接楼提供艺术家的化妆间和其他功能空间。

前装配大楼的保护计划，旨在一次认真彻底的大检修，可以保留原有墙上和柱子表面的使用

转换后的生产大厅剖面图
个别加固后测量显示有可能保留原有设计大部分纤细结构

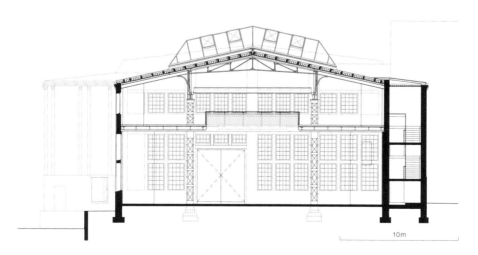

10m

图3　工厂停产后，工厂楼上一层的状况　　图4　（144页）原生产车间是整个建筑综合体的核心

痕迹，并保留工业建筑粗犷的性格作为新功能的背景。

在我们的案例研究中，我们发现建筑没有正常运作的支撑体系。在与建筑师协商后，我们开始对屋顶和画廊层的斜撑构件进行升级安装，因为它们对借助位于网格线2和9的垂直墙壁和构件安全传递到地面的风荷载和其他横向荷载有影响。

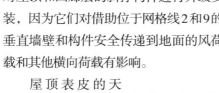

屋顶表皮的天窗和木构造有更严重的缺陷和损伤，意味着这两个组件都必须再更新。建筑的新使用方案表明屋顶结构不得不满足比以前更严格的要求。这些细长的桁架梁不能满足天窗新型保温、双层玻璃以及较重的新结构带来的额外荷载。但是，我们的目标是尽可能多地保留历史物质和建筑原有的特色。为了尽可能实现这一目标，我们办公室与克莱因贝格和波尔建筑师事务所（Kleineberg and Pohl，在巴特赫尔斯费尔德，负责转换概念的建筑师）合作，开发我们称之为双层结构的特殊构造：该模型假设既有结构根据其既

有结构特性和设计可以进行部分荷载转移，假设为了附加荷载包括任何过量的荷载，可以引入第二个结构层。这个附加结构也可以通过选择横截面、材料或者当时施工时没有的型材，或者通过一个特定的颜色方案来展现。

在这种情况下，结构工程师一直支持新塑钢型材天窗的荷载，将负载传递到起重机跑道的现有支撑件上。此负载不再需要由细长的三角形桁架梁来承担，这样允许它们能够继续履行为它们设计的功能。

总结

在我看来，要想成功和经济地执行旧建筑的复兴、改建和扩展，需要一些基本的前提条件：

－在设计过程之前要有仔细的案例研究和分析判断优劣；

－要有一个能采用综合性方法开展工作的设计团队；

－既有建筑的创造性方法，特别是承重结构关键的先决条件，是对其建设历史以及对过去和当前建筑材料相关经验的理解；

－对标准、规则和建筑规范要有一个批判性的评价；

－准备制定和维护创新的解决方案；

－业主愿意用他们的决定来支持你的做法。

1. Verlag Konrad Wittwer, Stuttgart 1906.
2. 根据今天的规定同样适用于板和梁的钢筋，必须延长至少三分之一到支座正面。在1902年，普遍的做法是在接近支座约 0.2×1 的距离，把单向板的下层钢筋向上弯折并延伸作为支座的上层钢筋，但这种做法导致构件受到约束限制。以这种方式计算出的力矩从 $q12/8$ 减少到三分之一，即 $q12/24$。因此，所产生的支座弯矩是 $q12/12$。
3. 在洛丁根（Göttingen）机车厅的项目，尽管1920年的浮石混凝土板抗压强度低，对于现场中心自承重荷载＋新保温＋密封型材＋一个人荷载的荷载情况，或者对于暴露在充满积雪荷载的情况，与临界荷载相比，我们能够确定的安全系数大约为2。
4. 建筑物所有者：维多利亚保险股份公司，由MEAG代表，慕尼黑／建筑师：巴特尔斯和格拉芬贝格尔，杜塞尔多夫。
5. 大楼业主：企业巴特赫尔斯费尔德有限公司，巴特赫尔斯费尔德／建筑师：Kleineberg and Pohl，不伦瑞克／景观设计师：Wette + küneke，洛丁根。
6. 资料来源：*Der Eisenbeton—seine Theorie und Anwendung* (Ferroconcrete—Its Theory and Practice), Stuttgart, 1906, p. 9.
7. 此外还有一个事实，即主要柱子延长部分仅部分有效，因为立柱的配筋非常短，并且包含大量连续折叠起来的抗剪钢筋。

图5、图6［144页］未来打算把前生产车间作为大礼堂使用：转换后工厂的模型

1

飞机库里的体育馆

——南姆里奇·阿尔布雷希特·克林普建筑师事务所

柏林（德国）

旧工业——18、132、136、152、161页

新体育馆

图1　从看台看大厅的景观
图2、图5　大跨度：屋顶钢筋混凝土结构井字格值得一看
图3　通往更衣室的走廊
图4　门厅和健身房服务人员办公室

航空历史满足业余体育运动需要

柏林阿德勒斯霍夫（Adlershof）
一个旧机场飞机库里的体育馆

南姆里奇·阿尔布雷希特·克林普建筑事务所，柏林

柏林南部一个周三的上午：10位精力充沛的老年人站在体育馆中间，围绕他们的教练形成一个半圆，正在轻轻地拍打红色气球让它们停留在空中。长长的飞机库比球场上这些前辈的岁数还大。80年前在航空拓荒时期，飞机就停靠在这大跨度混凝土外壳下，所以即使现在用作体育馆，这个室内空间也算相当的宽敞。飞机库是1952年废弃的约翰内斯塔尔（Johannisthal）机场遗址。如今，这个红色砖砌立面大厅被柏林洪堡大学机构围绕，与行政区共同使用。

南姆里奇·阿尔布雷希特·克林普事务所的建筑师们把机库转换成四个场地的体育馆。虽然这个建筑原来的建造目的完全不同，但它现在可以提供两个全尺寸场地或四个较小场地交叉用于训练。

对于标志性建筑的保护而言，老机库的转换非常幸运：经历无数次的临时使用，市镇政府曾一度考虑拆除这个值得保护的建筑。但因为已经在附近规划有体育馆，于是建筑师们说服建筑事务监督机构，让他们相信飞机库是很容易转化成体育馆的。

这个体育馆不仅室内空间尺寸令人印象深刻，结构也非常美妙：预应力混凝土顶棚的轻微拱形镶板以及巨大的纵向梁，连同其看台边的支撑，在转换过程中都被展示出来。卷帘门曾经可以在纵向大梁下面沿着整个长度延伸。建筑师处理新与旧的趣味性和熟练手法令人印象深刻。他们只在有利和必要的地方干预既有结构：去除卷帘门的遗迹，露出上面的钢筋混凝土桁架，并在开口处插入新的一片，用于储物柜、洗手间、体操房以及休息室。主要立面底层是连续大玻璃，二层则是连续的带形窗。相邻新建筑朝向大厅，有观众席以及通往楼上层的公共走廊。主入口位于新大楼主立面的中间。门厅有楼梯通向楼上。在这里，游客可能会惊讶地发现自己不仅可以看到巨大的大厅，而且身处一个阳光充足的门厅，通往观众席和体操房的楼梯旁边还有一个迷人的屋顶露台。就像观众看台上的199个座位，露台最初也不是客户所需要的，然而建筑师使他们相信这种偏离程序的做法，会增加大厅的舒适性和它的使用范围。而且，预算还能控制在390万欧元的规定限度内。

项目资料

客户　Bezirksamt Treptow–Köpenick，柏林
建造成本　390万欧元（成本组200~700）
使用面积　2920平方米
总体积　32300立方米
特点　历史承重结构的保留
建成时间　2008年4月
项目管理/团队　Arthur Numrich，Jessica Voss
地点　柏林Merlitz 大街16号，D–12414
修建年份　1929年

1000 ——————————— 2010

改建　2008年

2000 ——————————— 2010

建造成本　　　　　**每平方米价格**
390万欧元　　　　　1336欧元/平方米

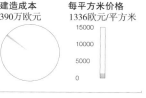

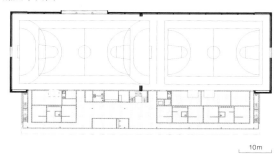
底层平面图

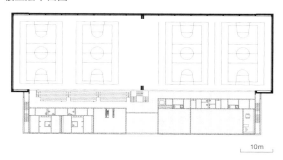
楼上层平面图

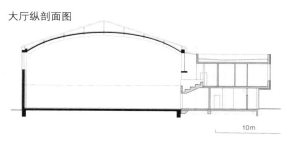
大厅纵剖面图

新大楼是那么自然地与宽阔大厅的工业性质相连，就好像它从来没有过其他方式。细致而简洁的细部最有说服力：暖气片嵌入小壁龛内，这样它们的外边缘与所在墙壁齐平。看台固定座椅是抛光的混凝土基座，顶部是深色染色木头。不是要赞扬它的简朴，但的确明智地降低了成本。相比起整个大厅内白色顶棚和暖灰色吸震墙板的素净色调，新建筑使用了浓重强烈的色彩：体育馆服务人员办公室是深红色的，其他地方墙壁则是绿色和紫色的。加建部分整体都是温暖的无烟煤灰色。FPJ

大厅整修前一直为地毯经销商所使用

6

7

8

9

图6、图7　在一侧加建的交通和服务楼：
首层有储物柜和卫生间，体操房在上面一层
图8　从大街上看大厅的景观
图9　入口右上面是观众露台

维尔道实验室大楼

——安德尔哈尔滕建筑师事务所

维尔道（德国）
旧工业——18、132、136、148、161页
新教育——58、95、98、108页

14号馆是柏林南部维尔道（Wildau）的原施瓦茨科普夫工厂（Schwartzkopff）典型的19世纪中叶生产车间。1991年10月，一个新的教育机构与维尔道技术大学一些新建筑一起建立，校园里两个老礼堂改造为学术使用：之前改造的10号馆容纳食堂和图书馆，而14号馆包括报告厅和实验室。

学习的机器

报告厅和实验楼，14号馆，维尔道
安德尔哈尔滕建筑师事务所，柏林
（Anderhalten Architekten）

直到20世纪80年代，4000多平方米的明亮大厅一直用于机车的滚筒轴承生产。建筑师们在这个空壳里以独立于历史结构的一种方式，安置了配有专门技术装备的大型报告厅、会议室和实验室。为了使新的用途不损害工厂空间的统一性，插入构件的表皮在很大程度上是透明的。这在高技术研究实验室和新哥特式砖石外壳之间形成一个令人兴奋的对比。

原有建筑部分经过精心整修。这样做的目的不是为了恢复建筑的原始状态，而是为了留下以往不同阶段使用和修改的证据。例如，立面开口所做的改变并没有彻底改变原有部分。即使整修后，它们和新建成的开口一样，都是作为对原有立面的干预而保持清晰可见。砖的内外表面进行清洗，但铜绿依然见证着它们存在的岁月。用途改变的一个明显标志，是把入口结构放在校园一侧的主山墙前。通高的玻璃和混凝土形体标志着主入口，并开辟通向后面报告厅的景观。

由于建筑两个部分屋脊高度不同，建筑师分别构建2～3层高的内置元素。作为转换后建筑室内最大空间，3层楼高的报告厅及其内设的300个座位，决定了它的内部组织。新元素的承重结构为钢筋混凝土；墙壁和顶棚都是素混凝土。新的内墙立面由预制嵌入式钢和玻璃构件安装

组成，唤起对原来基地工业使用的记忆，并以它们的精致与周围砖石的粗糙形成鲜明的对比。

保温外壳由历史悠久的立面与新内墙立面一起组成。两个壳体之间形成热缓冲带，从内部空间供热。原有壳体的屋顶和玻璃增加保温。立面上缺失的窗户由建筑师替换为新的钢架中空玻璃窗户；既有窗口是单层玻璃。

由于插入体积内部温度较高，伸到空隙中的构件没有冷凝水产生的风险。这样画廊地板和顶棚楼板构造都不需要隔热条。

14号馆的整修是大的历史空间划分为小尺度结构以容纳多种用途适应性再利用的典范。该标志性建筑和它的新技术以及教学上的使用相互补长取短，堪称完美。

项目资料
客户 勃兰登堡州联邦政府，由波茨坦财政部代表
建造成本 1600万欧元
使用面积 4000平方米
总建筑面积 4250平方米
特点 建筑有双层壳体——办公室、实验室和演讲报告厅插入工业大厅，构成"建筑内的建筑"
建成时间 2007年
项目管理 Jürgen Ochernal
地点 （勃兰登堡）火车站大街1号，维尔道，D-15745

修建年份 1902年
```
1000          2010
```

改建 2007年
```
2000          2010
```

建造成本
1600万欧元

每平方米价格
4000欧元
```
15000
10000
5000
0
```

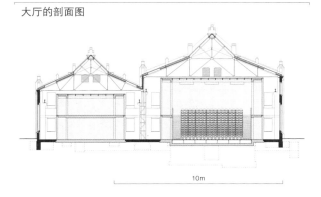

大厅的剖面图

```
10m
```

楼上层的平面图

```
10m
```

A 报告厅上部空间
B 办公室（教授/助手）

维尔道的机车生产，工厂的历史照片

即将改造前的空旷大厅

图1 [152页] 大型建筑山墙端部
的主入口

图2 通往上层的楼梯

图3 第二个内部立面围绕的办公室
和工作区，形成保温外壳

图4、图6 透明的教学空间：报告
厅对比主入口

图5 楼上的实验室和办公室

蜂窝14号文化中心

——LIN，芬·盖佩尔+朱莉娅·安迪建筑师事务所

圣纳泽尔（法国）
旧碉堡
新餐厅/酒吧——28、92、136、168页
文化设施

图1、图3　从潜艇前掩体屋顶看发光圆顶的景象，那里也是蜂窝14号屋顶露台的位置

图2　圆顶，由三角形塑料构件做成，原本安装在柏林滕珀尔霍夫机场北约雷达塔上（右一）

图4　从港口看圣纳泽尔：圆顶位于潜艇掩体的中部

向上90级台阶穿越厚重的楼板

U型潜艇掩体转换成一个文化和音乐中心，圣纳泽尔

LIN，芬·盖佩尔 + 朱莉娅·安迪建筑师事务所
（ LIN, Finn Geipel + Giulia Andi ）

1939年英国对德国宣战。什么原因让温斯顿·丘吉尔，这个意志坚强的英国首相，特别关注德国的U型潜艇。因为这些潜艇不仅用鱼雷攻击皇家海军的战列舰，而且尤其针对民用货船，短短一段时间击沉数百辆。

德国潜艇的主要作战基地在被占领的法国港口，特别在布雷斯特（Brest）、洛里昂（Lorient）和圣纳泽尔（Saint-Nazaire）。随着越来越多的英国防御行动，这些潜艇基地的防御也在不断增加。圣纳泽尔的U型潜艇掩体，于1941～1943年通过强制劳工建成，有一个4~9米厚的钢筋混凝土屋顶。它有295米长，能容纳14个U艇单元，是欧洲最大的U型潜艇掩体之一。圣纳泽尔镇的85%在战争中被摧毁，而地下掩体大部分毫发无损地保存下来，从那时起，它就成为这座城市和海港之间坚不可摧的巨大屏障。除了用于存储之类的小空间，掩体中心位置似乎没有什么适合使用的高档功能，因而空置着。为了帮助该建筑寻找到有价值的使用方式，圣纳泽尔市政府在2003年举行了一个建筑设计竞赛。芬·盖佩尔 + 朱莉娅·安迪事务所获得了第一名，他们的想法是将其中一个掩体单元用于带有活动室的音乐与文化中心。因为它被整合在掩体南端的第十四个单元格，所以被称之为"中央蜂窝14号"（ Alvéole 14，直译就是14单元 ）。

像其他单元一样，它由两部分组成：一是面向陆地端22米长的部分，以前用于存储区和车间，另一个是92米长的U型潜艇修藏坞本身以及面向海港开放的盆地。两部分之间有一条沿着建筑长度延伸的5米宽服务走廊，是把所有单元连接在一起的路径。

面积为5570平方米的新会场约占掩体内空间的9%，安排有两个区域：巨大的U型潜艇修藏坞变成一个灵活的活动大厅，而服务于第13和14单元的前车间区域，容纳

了一个被称为"贵宾"的音乐表演场地，以及相关的录音棚、酒吧、管理办公室和技术设备房间。酒吧位于大厅上方的阳台上，提供对舞台的最佳观赏点。

主厅有一个1400平方米的活动空间，整合在高出潜水艇盆地11米的大空间内。该盆地一直保持原来状态，但在新铺设的混凝土板下远离人们的视线。根据空间基本原则，舞台设备安放在沿着修藏坞两侧的平台上，两个8米高、19米宽的移动龙门架可以沿着大厅全长移动。大厅有一个16米宽的折叠门可以面向港口开启。游客从陆地一侧通过以前的服务走廊进入大厅。这是通过掩体的半公共通道。它还可以通过钢楼梯的90级台阶向上到达掩体屋顶。一旦到达屋顶，蜂窝14号的租户和参观者就可以享受320平方米的大露台。这个主要的平台屋顶由天线罩覆盖：一个半球形的圆屋顶，直到2004年一直充当柏林滕珀尔霍夫（Tempelhof）机场的北约雷达设备气象保障。它由298个三角形模块组成，用透明拉伸膜在铝框架上形成。

菱形钢丝锯切割混凝土的新型方法可以切割非常厚的钢筋混凝土。为了建造一个通向屋顶的通道，建筑师总共切凿470立方米的混凝土，相当于约1000吨重。

虽然乍一看，楼顶平台似乎是转换理念的副产品，其实在夜间发光的露台及其9米高的圆屋顶，是现实中整体概念不可或缺的一部分：如果没有这个醒目的圆屋顶，像一个不常见的明亮彩灯在海港区夜色里闪耀，照亮通往蜂窝14号的道路，里面的变化很难从外面被察觉。此外，面对建筑巨大的结构和密封的特性，新使用功能需要从视觉上表现自我，需要一个可以从远处可见的强大标志。这也是混凝土实体外壳至关重要的"破开"。通往屋顶和屋顶露台的楼梯，可以俯瞰海港，对于里面的场地而言，似乎也是一个合乎逻辑的加建。FPJ

项目资料
客户 圣纳泽尔市
建造成本 590万欧元（蜂窝14号），120万欧元（室外区域）
使用面积（净面积） 3300平方米（室内），2270平方米（室外）
总建筑面积 5250平方米（室内）
特点 混凝土板的开口厚达数米，用金刚石锯制成
建成时间 2007年5月
项目管理 Hans-Michael Földeak
地点 圣纳泽尔，湾潜艇基地–Bay 14, Boulevard de la Légion d' Honneur, F-44600

修建年份 1941年

1000 ————————————— 2010

改建 2007年

2000 ————————————— 2010

建造成本   **每平方米价格**
590万欧元   1788欧元

通过掩体第13和14单元的剖面图

通过掩体第14单元的纵剖面图
左边的车间和服务走廊以及右边的U型潜艇修藏坞

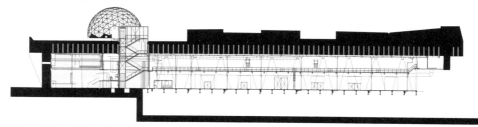

10m

旧与新

图5　活动期间U型潜艇修藏
坞宽阔的大厅
图6　"街道"有楼梯通往"贵
宾"的行政办公室和机房
图7　沿着以前的服务走廊有
数以百计的精致聚光灯照亮进
来的道路

8

9

图8 安装在U型潜艇大厅的技术设备；舞台灯光及音响设备可以在移动龙门架上沿着大厅全长移动

图9 "贵宾"舞台，在以前车间里的一个活动场地；从画廊看到的景观

图10 "贵宾"画廊的酒吧

10

采德尼克
砖瓦厂博物馆

——邓肯麦考利建筑师事务所

2

3

4

图1　［161页］侧面入口结构
可以进入该标志性环形烤炉的
楼上

图2　活动大厅位于环形烤炉
的楼上。老推煤车现用作移动
自助餐台和衣帽间

图3、图4　展区展示自动化制
砖生产过程

图5　中窑的"柏林砖"展览
向人们解释采德尼克砖的生产
历史

图6　在中窑的底部，游客可
以了解烧制过程的各个阶段

5

6

1900 年左右，一个典型的柏林公寓包括前楼、两边侧翼和后楼，有 40 间公寓——耗费 140 万块黏土砖构建。无论谁想知道在德意志帝国首都创建时代实现建筑业隆隆发展的这数十亿块砖来自何方，都会在柏林以北 50 公里的采德尼克（Zehdenick）发现答案。1910 年在这里，6.25 亿建筑用砖放进 57 个称被为"环形炉"的连续窑炉里进行烧制。这里仅有的制造业在 1991 年停产。在剩下的两个烤炉以及共产主义时代的生产大楼里，

项目资料
客户 上哈维尔地区（Oberhavel），奥拉宁堡（Oranienburg）
建造成本 560 万欧元
使用面积 约5000平方米
总体积 约44550 立方米
特点 以前的环形烤炉内部空腔转换为展览空间
建成时间 2009年4月
项目管理 Tom Duncan, Noel McCauley
团队 Anuschka Müller, Katharina Bonhag, Lojang Soenario, Sandra Tebbe, Eva Maria Heinrich, Arno Kraehahn
地点 Ziegelei 10, D–16792, 采德尼克-米尔登伯格

修建年份 1890年
1000 ▬ 2010
改建 2009年
2000 ▬ 2010

建造成本 560万欧元
每平方米价格 1120欧元

15000 10000 5000 0

石形成鲜明对比。

柏林建筑师汤姆·邓肯（Tom Duncan）和诺埃尔·麦考利（Noel McCauley）创建了一个砖瓦厂博物馆。这个面积大约有 5000 平方米的空间解释了该基地的历史——从砖的手工生产到 1858 年霍夫曼（Hoffmann）发明的环形炉以及战后的机械化生产。

环形炉第一次在相对短的烧制时间内，进行大批量质量规格统一的砖生产：将未焙烧（"绿色"）的砖块在烤制房间手工艰难地叠成致密堆垛。然后在数天过程中，通过顶棚开口，工人用煤和焦炭补充烤制间的燃料。这意味着首先砖被预热，然后以最高温度进行烧制，最后慢慢冷却。

建筑师在其中一个窑中安装有关"柏林砖"的展览。它展出曾经为就近柏林提供砖来源的采德尼克砖的生产历史。醒目的立体主义、茄子色的家具展览与烤制间黄色砖

在紧邻的环形炉里，邓肯和麦考利完全依靠空间的影响，仅通过光线和声音的微妙拼贴进行补充：曾经在这里，没有被烧制的砖被堆放高至顶棚，游客可以沿 80 米长、3 米高的椭圆环形烤炉漫步。在入口处你可以得到一

改造前环形烤炉的楼上

空间作为介质和证明
老砖厂改建成博物馆
邓肯麦考利建筑师事务所，柏林

块透明砖，内设电子产品来说明烧制过程：沿烧制通道的途中，它不断变换颜色以显示各个阶段砖烧制的情况——直到红光闪耀，表示砖被加热到 980 摄氏度。以这种方式，以前的砌砖厂变成一个融空间、信息和游客体验为一体的媒介物。

这个耗资 560 万欧元的项目除了展览，还包括游客中心的重新设计、两个环形炉（被保护的古迹）的修复，以

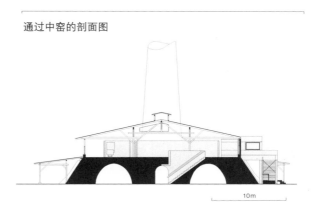
通过中窑的剖面图
10m

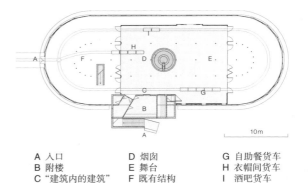
转换为活动大厅后的楼上平面图
10m

A 入口　　　　D 烟囱　　　　G 自助餐货车
B 附楼　　　　E 舞台　　　　H 衣帽间货车
C "建筑内的建筑"　F 既有结构　I 酒吧货车

及租给各种场合用做活动场地的修建。建筑师把 350 平方米大厅作为"建筑内的建筑"整合到第二个环形烤炉的楼上。以前制砖工人就是从这里加热下面的烤炉。邓肯和麦考利保留大厅地板上运煤小车用的轨道。九个修好的手推车被转换成一个自助餐台和衣帽间。整个大厅在夏季都可以使用，但在冬季只能借助宽阔的折叠门，把活动功能集中在大厅烟囱周围温暖的区域。烤炉锥形砖基、木制构架以及壮观的烟囱的外观都保持不变。只在侧面加建有楼梯和前庭，暗示在楼上有新建的活动大厅。

从建筑，包括展览设计、插图到影片展示，汤姆·邓肯和麦考利亲自设计博物馆的每一个细节。建筑师的理念是把标志性建筑内所有相关生产的遗迹、可视文件、各种描述、声音制作和影像资料集合到一个对博物馆的整体体验中。FPJ

瑟莱克斯（Selexyz）多米尼加书店

——Merkx+Girod 建筑师事务所

马斯特里赫特（荷兰）
旧教堂
新零售——50 页

文学之地而非礼拜场所

马斯特里赫特一个哥特式教堂书店
——Merkx+Girod建筑师事务所，阿姆斯特丹

安内克·伯克恩

哥特式多米尼加教堂矗立在马斯特里赫特历史文化区一个僻静的小广场上，于1294年建成。建筑最初用作多米尼加修道院教堂，直到1796年拿破仑军队突然到来，寺院在世俗化的过程中被遣散。在接下来的几个世纪，教堂在既没有塔，也没有耳堂的情况下，服务于多种不同的功能，没有一个功能很庄重。首先，它被用作一个骑兵训练所的马厩；然后作为市消防部门的仓库；后来成为举行拳击比赛的活动大厅，以及仙人掌展示和狂欢派对场所；最近它甚至用作一个自行车车库。在很多情况下，许多来马斯特里赫特（Maastricht）参观的游客会忽略它，因为这个城市有很多保存更完好、位置更突出的教堂。

多米尼加教堂地面层平面图

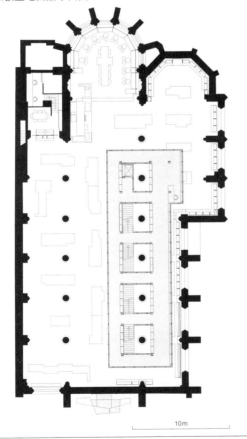

10m

然而，自从Merkx+Girod建筑师事务所的阿姆斯特丹办公室把教堂改建成书店起，该教堂的隐蔽位置也被证明是具有优势的：当你步行通过小广场入口，会发现自己身处一个出乎意料大的教堂面前。教堂内部与周围的城市景观之间尺度规模的突变让人非常震惊，同样紧靠教堂右侧墙壁的巨大的多层钢书架也引起不小的震惊。

当Merkx+Girod接受这个改造项目委托时，他们

已经完成了在阿尔梅勒（Almere）的一个商店以及在海牙的另一个商店，都是为同一个客户设计的连锁书店BGN。多米尼加教堂设计的出发点是建筑师不希望妨碍或掩饰教堂的空间，希望能保持其祭奠的氛围。唯一的问题是：你如何把一个拥有30000本藏书的书店放进来而不削弱既有空间的质量？教堂总建筑面积只有550平方米，还需要近1000平方米的额外面积。客户最初建议以桥梁的形式插入教堂附加层。但是，标志性建筑保护委员会禁止任何可能破坏教堂墙壁的措施。所有内置家具必须可移动，这样允许建筑物重返其先前状态。问题最终以一个超大的步入式书柜形式得以解决。Merkx+ Girod把它分散放置在教堂右边，这样教堂左边墙上从1337年以来就存在的壁画仍然可见。30米长、18米高的钢结构整体有三层，每层有三排不同形式的货架。它可以自由地放置，以便把柱子、中殿与走廊相互分开，除了书架以外它还可容纳两个工作坊。借助楼梯，顾客可以漫步穿梭在丰富多彩的书脊或者书页的白色切边之间。一旦到达顶部，游客可以观看整个教堂，第一次清楚地感受到它的规模，并发现自己比以往任何时候都更接近柱顶和有壁画的拱顶。

相比起令人惊叹的书柜，教堂里剩下的干预措施相对温和。Merkx+ Girod给教堂配备他们在海牙和阿尔梅勒店里采用的同一系统，用于显示畅销书和特别的优惠。在马斯特里赫特这里，他们有意把壁挂式书架和展示书桌降低，几乎没对空间造成什么影响。凭借其半圆的形式和更舒适的尺寸，圣坛成为咖啡馆的最佳场所。它的重点是一个十字形的阅读桌。厕所和设备位于圣坛底下的地下室。所有保留的技术装置，地板采暖以及一些已经存在几百年的墓碑都整合到新的水泥地板里。新的水泥地板取代教堂从自行车车库时代起就开始使用的不好看的铺路石。

由于保留全高度的空间和朝向圣坛入口的景观，尽管安装了设施，多米尼加教堂仅仅丧失了一小部分空间效果。与此同时，巨大的书架提供新的视角，在工业与手工制作元素、新与旧、光滑与粗糙、厚重与精致之间与教堂内部形成有效对比。而且由于壮观的装置设施，不仅书店的顾客，还有游客，一下子都被这个曾经遗忘的多米尼加教堂所吸引。

项目资料
客户　BGN书店集团，Nederland，Houten
建造成本　160万欧元
使用面积　1200平方米
特点　以前废弃的教会建筑通过有尊严的商业用途得以振兴，并重新得到城市的拨款
建成时间　2007年1月
项目管理/团队　Evelyne Merkx, Patrice Girod, Bert de Munnik, Abbie Steinhauser, Pim Houben, Josje Kuiper, Ramon Wijsman, Ruben Bus
地点　马斯特里赫特Dominikaner教堂街1号，NL-6211CZ

修建年份　1294年

1000　　　　　　　　　　2010

改建　2008年

2000　　　　　　　　　　2010

建造成本　　　　　每平方米价格
160万欧元　　　　1333欧元
　　　　　　　　　　15000
　　　　　　　　　　10000
　　　　　　　　　　5000
　　　　　　　　　　0

3

4

5

图1 ［164页］教堂作为书店：朝向教堂后殿的景观

图2 以前用做礼拜房间的后殿，现在是一个咖啡休息空间

图3 教堂中殿的北半部只放置了低矮的展示桌，其南是巨大的步入式钢书架

图4 在这样的景观里，谁可以专注于书本？从书架第二层看去的景观

图5 没有人会从外面猜到教堂建筑的新功能

瓦尔德萨森修道院的
圣约瑟之家

—— 布吕克纳和布吕克纳建筑师事务所

2

图1 老麦芽厂山墙端部的翻新，没有任何加建

图2 1704 年以来修道院教堂前面的广场；右边背景是圣约瑟之家（St. Joseph's House）

图3 整修后广场上的修道院修女

图4 L形麦芽厂大楼前面的现代入口结构

其实，瓦尔德萨森（Waldsassen）修道院的老麦芽厂两百年前已被拆除。整个修道院建筑在18世纪以巴洛克风格重建，基本按照著名主教堂的建造者亚伯拉罕·洛伊特纳（Abraham Leuthner）和丁岑霍费尔（Dientzenhofer）兄弟的平面图进行扩建。1704年，宏伟的巴洛克式教堂举行圣体礼使，1727年完成图书馆。

简朴但山墙高大的附属建筑建于15世纪中叶，从那时起就被用作马厩、熏制室、麦芽窑、贮藏窖和宿舍。作

扩建的艺术

麦芽厂转换成瓦尔德萨森修道院的文化和社区中心

布吕克纳和布吕克纳建筑师事务所，
蒂申罗伊特/维尔茨堡

为中世纪修道院建筑的最后遗物，它本来应该被拆除。但是突然间所有的工作都停下来；拿破仑的军队横扫欧洲，修道院被世俗化，著名图书馆的书籍也被分散了。只有这个中世纪最后的附属建筑仍留在原处——修道院大厅前院的一侧。如今，它标志着城市与教堂、附近修道院建筑与小镇的结合。几个世纪以来，建筑不仅变得破败，而且无数的翻新和加建使它的外观变成一堆不太有吸引力的聚集物。

20世纪90年代中期，西多会修道院经历一个新的开始：处于老化和面临灭绝危险边缘的修道院，因为一群新的年轻修女的加入而恢复活力。这种欣快的情绪刺激了整个修复计划，首先就从巴洛克时代开始。在规划过程中，空置麦芽厂的潜能也被发掘。解决方法就是把这个虽然荒凉，但却是最古老的建

清除多余材料后，建筑师在既有建筑中发现值得保留的精华。然而没有基本的介入以及精巧的操作，既有物质可能无法满足将来使用的要求。其中一个需要关注的是底楼的交叉拱顶，因为它对于修道院的餐厅来说太低。建筑师决定更换地板，通过插入特制花岗岩柱基把原有交叉拱顶柱子向下延伸。今天进入餐厅，没有人怀疑它曾经几乎不能直立在原有拱顶之下。这里与其他地方一样，建筑师自觉地限制对材料的使用，仍坚持用最初的建筑材料——卵石、砖、木，但毫无疑问地是以现代建筑语言来诠释。把历史阁楼空间用作新的使用面积，目标要求屋顶结构需要进行广泛的修复措施。

经过整修的建筑分三部分：底楼和地下室用作半公共的店铺、餐厅和接待处；楼上容纳客房，阁楼装修成一个多功能会议区。FPJ

项目资料
客户　Kloster Waldsassen有限公司，女修道院院长，高级修女Laetitia Fech
建造成本　570万欧元（成本组300–600）
主要使用面积　2100平方米
总建筑面积　约3250平方米
总容积率　约11100立方米
特点　所有去除的木材（从拆除外屋和一些桁架楼层所获得的）都重新利用在历史屋顶框架的整修中
建成时间　2008年9月
项目管理　Stephanie Reichl
地点　瓦尔德萨森Brauhausstraße 1, 3, D–95652

修建年份　1450年

1000　　　　　　　　　　2010

改建　2009年

2000　　　　　　　　　　2010

建造成本　　　　　**每平方米价格**
570万欧元　　　　　　2714欧元

15000
10000
5000
0

筑遗址变成一个文化中心、庇护所、宾馆和商店，成为修道院和世俗世界之间的滩头阵地。

首先，建筑师考察建筑实体以确定不同的历史层次，检查粉刷层下面的结构连接处、老孔洞和油漆的痕迹。最终拆除很多隔板、加建物和棚子，特别是沿着建筑L型内侧面的东西。用新加建的带突出扶壁、类似花架的交流区域替代拆除的扩建区域；算是按照被遗弃的巴洛克平面对修道院这部分迟来的更新。老麦芽制造厂和修道院一侧，属于巴洛克风格，两个建筑在端部相邻，对齐方式相同，但是18世纪的建筑要比早先那个宽约四米。这种规模上的差异，更明显地体现在巴洛克修道院庄严的尺寸上，该建筑由布吕克纳和布吕克纳建筑师事务所改建为具有当代风格的服务建筑。附加的入口走廊支柱首先考虑用木材和混凝土，最后采用的是钢结构。西部大教堂广场的这个新边界把修道院的前院定义为城市文脉中的实体。

通过建筑加建部分的剖面图

10m

楼上一层酒店平面图

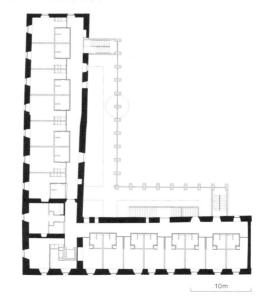

10m

图5、图9　转换为一家餐厅后的首层
楼面。图5显示改造期间的拱顶；为了
获得所需顶棚的高度，降低地板层，并
通过安装花岗石底座加长立柱

图6　L形的加建部分把建筑物各个区
域相互连接起来

图7　客房

图8　阁楼上的多功能房间

1

EBRACHER HOF
的图书馆
——布鲁诺·菲奥雷蒂·马克斯建筑师事务所

施韦因富特（德国）

反思的游戏

储放什一税农产品的仓库转换为一个公共图书馆

布鲁诺·菲奥雷蒂·马克斯建筑师事务所，柏林

西蒙内·容

位于德国施韦因富特（Schweinfurt）的什一税谷仓（Zehntscheune）建于1431年，服务于埃布拉赫（Ebrach）附近的西多会修道院。从那时起，它经历一些动荡的时代。作为球轴承生产中心，弗兰肯（Franconia）北部这座小城市成为第二次世界大战盟军轰炸机中队的目标。什一税谷仓，这座有阶梯山墙的中世纪谷仓，是中世纪以来少数几个袭击中幸存下来的建筑物之一。

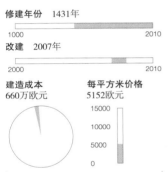

项目资料
客户　施韦因富特市，由建筑主管部门代表
建造成本　660万欧元
使用面积　1281平方米
总建筑面积　2498平方米
总容积率　11282立方米
建成时间　2007年4月
项目管理/团队　Wieland Vajen, Simone Skiba
地点　施韦因富特市大桥街29号，D-97421

修建年份　1431年
1000 ——————————— 2010
改建　2007年
2000 ——————————— 2010

建造成本　　　　　每平方米价格
660万欧元　　　　5152欧元

在20世纪60年代初，附近修道院的花园和沿着美因河的大部分历史文化名城防御工事都消失在新的滨江路上。曾经被建筑物紧密环绕的什一税谷仓，突然两面都露出来，孤零零遗落在美因河上通往市区南部的大桥旁边。

施韦因富特市举行一场将空置建筑改建为市立图书馆的竞赛，得奖作品是唯一一个提议把所需加建空间放在地下，让前院获得自由从而保护建筑外观的方案。

在这个由柏林布鲁诺·菲奥雷蒂·马克斯建筑师事务所（Bruno Fioretti Marquez Architekten）设计的方案中，一个围绕600年历史遗留物的宽敞地下层容纳了大部分图书馆。

20世纪60年代建筑无意识和随意的净空通过精心计算得以继续使用。不可否认，在对既有结构进行改造设计时，挽救和挑选旧建筑的部件已形成一种审美选择的惯例：卡洛·斯卡帕（Carlo Scarpa）对这一策略具有很大影响，许多人随后应用它，例如，埃贡·艾尔曼（Egon Eiermann），他把柏林的威廉皇帝纪念教会转换为一个审美化的废墟。通过挖掘地下，布鲁诺·菲奥雷蒂·马克斯重新探讨这种做法的潜能：到目前为止，什一税谷仓不仅被挽救了可见部分，而且还挽救了它的地下基础部分。

布鲁诺·菲奥雷蒂·马克斯事务所特别感兴趣的是赋予建筑历史物质一个新的吸引力：因此，建筑内部大量的木托梁被整修并漆成白色；建筑的基础，凭借其精心修复的散石砌筑，在一个明亮、宽敞的大厅里显得非常突出。广场上只有一个玻璃外壳提供地下扩建的证据。这个严谨的玻璃晶体有33米长，在白天给地下层提供光线，在夜晚则通过图书馆的灯光向城市闪耀光芒。作为前面的玻璃体，它为前院屏蔽掉滨江路的繁忙交通。可以通过其中一个山墙上新的主入口从前院进入公共图书馆。入口处有楼梯通向地下层。参观者在沿着通往旁边砖石基础的平缓坡道继续探索之前，可以站在稍微突出的位置抬头看见又高又长的空间上空以及左边看似没有尽头的书墙。美化加

上最大程度的精致，形成地下空间的奇特魅力。除了书籍，没有什么可以分散对这三位一体——雕琢的石头、素混凝土和橡木的注意力。通风管道等技术设备隐藏在书架以及不起眼的隐蔽节点内，比如照明，你在整个大厅看不见任何一个灯具。布鲁诺·菲奥雷蒂·马克斯事务所已经认识到新与旧、光滑和粗糙这种反差的审美潜力，只有当新元素对既有构造特点做出回应时，才能形成它自己的特色。

首先引人注目的是长长书柜墙的弯曲地方：倒数第三个混凝土框架和它的木头构架——轻微向下倾斜。虽然结实的橡木柱子垂直延伸到顶棚，但它并不垂直，也有些倾斜。在这里，理念融合不完美性：建筑师不想用精确到毫米的当代建筑技术的完美，来粗暴对比对既有建筑在几百年存在过程中出现的变形。在加建的部分中，他们对既有建筑的一些不规则性作出回应，正如建筑评论家福尔克·耶格（Falk Jaeger）这样表示，如同"在严格的正交规律中温和的间断"。

建筑师的运气非常好，同时也接受了附近兴建新海关办公楼的委托。他们没有浪费机会，让两栋建筑进入对话。办公楼与什一税谷仓立面成直角布置，有大尺寸突出的窗户。16个窗户的每一个都反射出什一税谷仓不同的部分，因为这些不对称放置在混凝土立面上的窗户朝图书馆前面倾斜了几度，这些反射片断图像相互叠加和重复，如同谜一般。这种窗洞上的反射游戏就像是在解释过去——从每一个角度看，它都有点不同。

改造后谷仓的纵剖面图

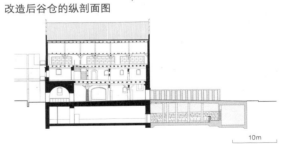

地下层平面图

图1 ［172页］阶梯状的老山墙投影在相邻主海关办公楼大幅窗户上形成不连贯的景观

图2 转换后的什一税谷仓和新的主海关办公楼（左）：从美因河岸边看到的总体景观

图3 灯笼般长长的玻璃形式遮蔽前院免受相邻街道的影响，同时照亮图书馆的地下空间

图4 朴素：加建的疏散楼梯塔，抽象的素混凝土般延伸了相邻山墙的轮廓

图5 整修后的谷仓一侧景观。背景是由福尔克尔·施塔布（Volker Staab）设计的乔治·舍费尔（Georg Schäfer）博物馆

6

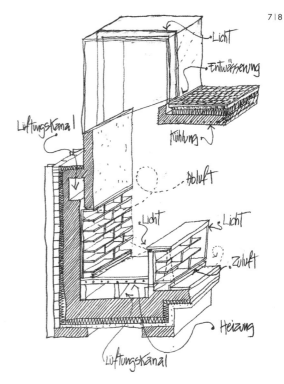

图6　下面层的阅览室
图7　下面层图书馆的主要空间，左侧是什一税谷仓露在外面的地窖墙壁
图8　地下房间的剖面草图，显示隐藏的技术服务
图9　下面层的景观
图10　上面层光影下的橡木柱与深色家具形成对比

弗罗伊登施泰因
城堡的矿石展

——AFF 建筑师事务所

1

2005年，年轻的AFF建筑师事务所荣获欧洲一次设计项目竞赛的第一名，这个设计项目是位于弗莱堡（Freiberg）的萨克森州镇弗罗伊登施泰因（Freudenstein）城堡的重建和复兴。

橱柜奇珍的文艺复兴

改造城堡中的矿物学收藏品

AFF建筑师事务所，柏林/开姆尼茨

项目资料
客户　弗罗伊登施泰因城堡：弗莱堡市
客户　矿物学收藏库：Süchsisches Immobilien–und Baumanagement, Chemnitz
建造成本　弗罗伊登施泰因城堡：2140万欧元，矿物收藏库：335万欧元
使用面积　矿物收藏库：1500平方米
总建筑面积　16450平方米（整幢建筑）
总容积率　59120 立方米
建成时间　2008年1月
项目管理　Martin Fröhlich, Sven Fröhlich, Alexander Georgi
地点　弗罗伊登施泰因城堡，弗莱堡 D–09596

修建年份　1577年

改建　2006~2008年

建造成本　335万欧元

每平方米价格　2233欧元

这个前皇家官邸位于小镇中心旁边，是一个封闭的四翼建筑。1168年，韦廷（Wettin）王朝为保护银矿而修建的这个堡垒，在文艺复兴时期急速扩大。但在七年战争中，它室内大部分被毁。衰退期紧随其后。18世纪末，这座没有主人的城堡被改建成仓库，用作粮仓直到1979年。

等到弗莱堡市决定把它用于文化目的时，这个建筑只有一些楼梯和文艺复兴时期桥门洞上的山墙还依稀可见昔日的辉煌。城堡最终决定用于收藏弗莱贝格技术学院和矿业学院通过捐赠获得的大量矿物品，以及用作欧洲矿业文件收藏品最广泛之一的萨克森矿业档案馆。

归档馆和收藏品库共用一个位于宫殿庭院的公共入口。特别为了保护起见，档案馆作为一个有着第二层外壳的独立"档案库"，插入所谓的"教会的一翼"。矿物收集展览，被称为"土地·矿物"，搬到斜对角相邻的东北翼的三楼。

与归档馆一翼相比，这里没有与历史建筑直接互连的方法。既有元素包括，一方面是文艺复兴特征的遗址，另一方面是18世纪的元素，特别是令人惊叹的仓库地板，由结实的橡木横梁构成，每一层都是文艺复兴时期楼层一半的高度。在档案馆一翼，存储楼层最初设想要完全拆除。建筑师花了相当多的谈判才说服客户和未来的用户，至少在三开间宽的示范区保留那些木材构造。在其他地方，AFF建筑师事务所也已认识到弗罗伊登施泰因曲折历史遗迹新用途的审美潜能。

矿物收藏品的"宝库"所在的底层顶棚拱顶被烟灰熏黑，大概是因为在拿破仑时代作为军事医院厨房的原因。客户非常吃惊，因为建筑师不希望这些历史痕迹消失在新鲜的石膏下方。不过客户最终还是同意了，因此，现在宝物位于一种奇妙大理石装饰的、部分黑色和部分蓝色闪闪发光的拱顶下，就像一个有着舞台灯光效果的小教堂，也让人联想起人工洞穴。很难想像能再为这些神秘而美丽的矿物质和晶体增加另外一个更为合适和微妙的互补性背景。其内容的新精神以建筑更新的形式弥漫在城堡。特别是矿物通过岩石腔内空间的晶体堆积融入的主题，反复被建筑师采用：你可以看见许多颜色发光的内置元素由粗糙、单色的混凝土外壳所包围：散发着紫色、明黄色和深绿色。在收藏品的房间，采取一种谨慎的措施，所有展示柜和额外展示家具都是黑色的。这种非常内敛的配色方案使参观者的注意力完全集中在晶体的微缩世界。

建筑师并没有刻意追求新与旧之间的对比或示范性突破：虽然新元素非常有效地脱颖而出。但在其他地方，既有建筑和现代加建物的界限没有那么明显。部分客房经过修复，重新建立起文艺复兴时期的空间布局。因为建筑师们能够用他们一贯谨慎的修复方式来设计所有家具和内置设施，创造出具有强大表现力和形式上相统一的展示空间。这个空间背景效果内敛而富有暗示性。不可避免地让人想到"橱柜奇珍"。作为当代博物馆的前身，这个文艺复兴时期皇家收藏品的术语，是指参观者对这些令人惊叹的收藏品的迷恋。从这个角度来看，"土地·矿物"的确是现代的"橱柜奇珍"。奇异分支的针状结晶，从地球深处被带到光明，它的支撑结构看起来就好像可以承受整个山脉，与庄严荒芜的空间抗争，为游客带来惊喜。其内容和形式完全和谐。

收藏品一翼的横、纵剖面图

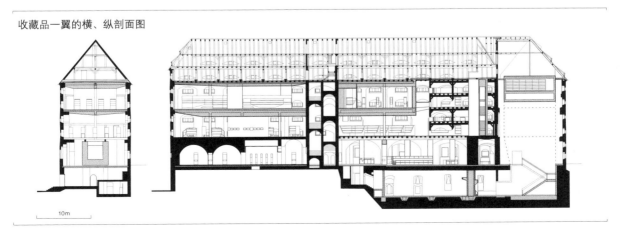

10m

5|6

图1 ［178页］改造后的城堡庭院：中间
是档案馆一翼，左边是收藏品存放的一
翼。庭院的新入口可以进入两边
图2、图3 新入口
图4 改造后的文艺复兴楼梯有新的照明
图5、图6 在二楼和三楼，建筑师们保留
城堡被改建成仓库时添加的中间层。用于
收藏品的展示柜和其他内部配件也由AFF
建筑师事务所设计
图7、图8 深色的展览家具与历史痕迹相
对比：较低拱顶下的珍宝

7

8

标志性建筑
——尽管有新的功能仍然保持原真性
——从巴洛克到包豪斯的三个翻修故事

既有建筑的改造设计早已超越新建筑活动，甚至还会进一步增加。它拓宽了具有特殊历史意义的建筑，即标志性建筑——一个新的功能和重获新生的机会，不论这些建筑是否在使用或空置，都为我们的城市保护了它们。

温弗里德·布伦内/弗朗茨·雅施克

从下面所示我们工作的三个案例来看，我们希望能够证明具有标志性地位的建筑改造设计往往特别成功，因为建筑物的特殊品质得到认可和利用，我们在处理既有物质时予以应有的尊重和爱护，设计不应受到影响。

根据建筑的不同类型、现状和设计大纲，我们还描述了不同的方法和途径，这需要在具体语境中考虑，一方面出于对历史建筑保护的要求，另一方面需要一个现代化的节能建筑围护结构和适合的房屋服务。

I

柏林军械库整修为德国历史博物馆永久的展览用房：小生态环境作为设计的理念

1998年，德国联邦政府举办了一个建筑项目竞赛，把军械库（Zeughaus）转换成为德国历史博物馆将来的永久性展览空间。最初的设计有用于容纳服务设施的吊顶和架空地板，但由于非常明显地改变军械库室内效果，使其丧失原有特性，被客户认为不合适而遭到否决。标志性建筑保护办公室同时也规定应该避免如此大面积的变动，要求建筑遗产300年历史中的不同痕迹必须清晰可见，毕竟这是柏林市中心现存最后几座巨大的巴洛克建筑之一。

竞赛大纲要求建筑符合现代博物馆所要求的标准：包括如展览房间全部安装空调，形式多样的照明场景创建等技术要求，以及有关排烟、防盗等所有消防安全要求。

此外，建筑内部组织需要优化设计以增加展览区域，为归档和存储创建额外空间，改善参观者的交通流线，方便残疾人出入。

为了实现建筑理念，对建筑的结构、几何形状和尺度感的探索、认识和理解至关重要。

但最重要的是，这种对建筑的理解需要建立在横向思维和质疑看似明显解决方案基础之上。这是发掘现有潜能，寻找可利用解决方案真正范围的唯一途径。我们问自己：这种不寻常厚度的窗户揭示了建筑什么样的潜能？该怎么利用这1.20米的超厚外墙？

这个问题引导我们发现小生态环境作为分散式空调系统在未来的定位。我们的服务工程师马蒂亚斯·舒勒（Matthias Schuler）（德国太阳能技术研究中心）赞成这个想法，节点设计阶段以后很快就制定出更详细的细部。这与房屋设备分散化趋势相一致。此外，这种设计方法使我们有机会减少对既有建筑结构的干扰，在谦虚但不失自信，也无损建筑整体历史背景的建筑表现里找到一种谨慎添加元素的方法。事实上，这种想法没有一定的论据支持是无法被大家接受的，从评审团的评价上就能明显看出："尽管功能性细节还没有完全确定，但我们认为该通风系统的提议是富有创新性的……"

为此客户要求我们用每一步过程来核实我们的想法，逐步发展并超越试验阶段，这也正是我们自

己努力想弄清的。这个设计方案得以实现的一个基本条件，是客户希望基于小型生态环境的空调机组计划能够发展成为全系列产品（而不仅是一个原型）。

由设计团队制作的非常生动、可视化的关于热和气流的模拟还不够。

于是空调机组的制造商制作了包括所有技术组件的1：1玻璃实物模型，复制该建筑内部情况。幸亏这种玻璃，才有可能制作使用雾试验的视频，清晰展示这些组件的空气流和有效性。但是即使该视频也未能完全说服客户。

于是我们又在军械库里创建一个测试室来进行1：1的现场试验：沿着一片25米高的建筑隔墙

柏林军械库转换为德国历史博物馆
位于博物馆窗口龛的分散式空调机组示意图

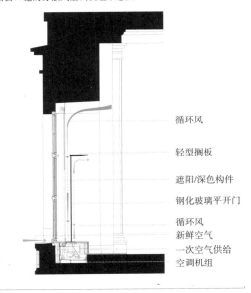

循环风

轻型搁板

遮阳/深色构件

钢化玻璃平开门

循环风
新鲜空气
一次空气供给
空调机组

运行。在这个房间的夏季和冬季条件下，我们进行了整整一年的测试，考虑所有相关因素，比如突然增加的湿度水平。

在这一年的试验阶段中，我们能够证明，使用这些安装在彼此相对的外墙上的小生态环境设计装置，是有可能创造出一个短期没有波动的稳定的室内温度；而且在那个时候，制造商已经开发出全系列生产状态的装置。它们已经作为室内空气加热和冷却的立面装置上市，但加湿和除湿功能是新的。

图1　在柏林军械库的德国历史博物馆：楼梯通往楼上第一层

图2　改造后的窗口龛可以容纳分散式空调机组：技术组件隐藏在一个不起眼的窗台板后面

随着这些单元装置技术性能的发展与时俱进，我们着手设计总体单位装置的细部。为了添加必要的新构件，比如单位装置的外壳、通风透光的U型玻璃构件以及轻型搁板，我们设计一个形状非常自然适合场所的组件，以至于在大楼的开幕式上，国家历史保护官员形容它为"干扰最小的艺术。"

目前该系统已经运作六年，不仅在建筑设计和历史建筑上，在经济运行上也通过了时间的考验：分散式空调系统意味着服务中心可以不必很大，送风也不用很大的通风管道，显著降低成本的同时也节省能源。这样也能使我们增加展示区域，在阁楼为档案创造额外空间的同时，保护建筑内部外观的真实性。

II

贝尔瑙全德工会联合会的前联邦学校建筑，整修后用作柏林工艺和小型企业商会（HWK）的一所寄宿学校

在贝尔瑙全德工会联合会（ADGB）的前联邦学院建于1929~1930年，由汉内斯·迈耶设计，荣获ADGB当时举办的竞赛一等奖。设计目标是在一种渐进的社会性和功能性的教学范式下，创建一种大型建筑语言对教学理念的表达。材料清晰的模式语言定义建筑内与外的设计。这个项目是德绍包豪斯城以外最著名的包豪斯项目之一。这所学校以及它的小湖，最初设想是在一个开放的林地里，但是今天它被其他学校和教育建筑所包围，共同形成一种校园风格。

随着德国统一，之前一直被用来作为工会学校的建筑群，空置了好几年，导致建筑物结构受到了不可避免的损坏。为建筑寻找一个适合用户的需求逐年增长。

对这个具有历史意义建筑非常幸运的一件

事情是，勃兰登堡高等教育研究与文化部门、勃兰登堡州历史保护办公室和柏林工艺和小型企业商会（HWK柏林），同意在那里安置HWK寄宿制学校，而最初是准备在相邻教育园区前联邦学校内规划一栋新的大楼。这意味着该建筑可以与从前几乎相同的方式再次被利用。

对我们来说，面临的挑战是找到一种现在学员住宿标准和原有建筑复兴之间可行的折中办法。最好是现代标准要融入这个历史悠久的建筑，同时也对建筑结构物质实体进行整修。曾经位于入口一侧特色鲜明的三个高大烟囱，已变得面目全非，建筑丰富的历史在其内部和外部留下沉重的疤痕。

馆长对历史建筑文件和施工文件全方位的深入审查和评估，以及对现场进行的全面调查，是这个引人注目历史建筑准备工作的必要部分。

在这种情况下，一项特殊的任务是记录这些决定建筑风格特征的材料的质量和现状，并根据这些风格特征形成的年代来确定哪些特征是可以保留的。由于既有建筑经历数次改建和扩建，在既有建筑改造设计工作开始之前是不可能完全分析出其原始结构状况的。只有随着去除覆盖层，拆除坚固结构部分，直到改造设计工作进展到高级阶段，这样的调查才可能最终完成。

这也意味着标志性建筑的设计理念应该随着工作的进展不断调整和改善，所有涉及的部分以及不断出现协调的过程需要高度的灵活性。其结果是随着工作的进展，必须在现场作出许多决定。

这个过程并不简单，需要客户和历史建筑办公人员这些重要决策者的支持；需要特别表扬的是建筑管理和消防安全的工作人员，如果没有他们，这个历史性建筑将不可挽回地失去

图3 ［186页］建厂时的鸟瞰图显示汉内斯·迈耶是如何把建筑融入景观

图4 ［186页］整修前的学生宿舍条件：东德时期安装的木窗相当大程度上改变了立面效果

图5 ［186页］整修后的学生宿舍一翼：细长的窗型材和砖立面之间重新建立起鲜明的对比

图6 ［186页］在食堂和学生住宿之间的日光浴室形成一个四分之一圆。建筑师在原有平面和基础遗迹上重建新的部分

许多重新发现的原真性。他们不仅致力于维持所要求的安全标准，还能酌情处理以充分利用当地既有资源，能够很好地解释有关规定，给予例外或豁免，以便能够保持原有建筑的特殊功能。

其中一个例子就是住宅楼通常要求设第二个逃生楼梯。为了避免这个不属于历史建筑部分的元素破坏设计，我们同意为消防服务创造最佳条件，让消防车的云梯可以到达每个房间：窗户使用夹层安全玻璃。为了方便在紧急情况下打碎玻璃，每个窗口都配备救生锤：就像在公共交通工具中使用的一样。同样，制定相关规定的特例，允许有关窗台板和楼梯栏杆高度相对低，所有新的加建都必须作为建筑的特色被标明。

对于建筑的原真性、原创性，以及哪些既有建筑构件的组件可以拆除以便迈耶和维特韦尔重建，哪些组件可以整合到整个理念中等问题，我们选择评估每一项的价值：例如高品质的加建部分可追溯至20世纪50年代，特别是主楼的红砖，可以很容易与原有建筑的黄色立面区别出来，所以予以保留。在另一方面，居民楼的外

温弗里德·布伦内（Winfried Brenne）硕士工程师，温弗里德·布伦内，德国工作联盟（BDA/DWB）建筑师，1942年出生，在伍珀塔尔（Wuppertal）和柏林学习建筑。自1978年以来，他一直是柏林的一个自由职业建筑师，主要从事住宅开发、生态建设和既有结构的建筑。他工作的主要重点包括状况调查、新客观性运动建筑及其群落的修复，包括在布里茨的马蹄形社区和20世纪20年代柏林的其他屋苑。还有一些著名的标志性建筑单体修复，如德绍的穆赫－施莱默故居、贝尔瑙全德工会联合会（ADGB）的前联邦学院，以及柏林的夏洛腾堡宫和德国历史博物馆。自1993年以来，他一直是"国际现代建筑运动文献与对话组织"（Docomomo）德国成员；自2000年起是国际古迹遗址理事会（ICOMOS）德国国家委员会成员，自2006年起是柏林艺术学院成员。他出版了无数书籍和文章，尤其是对布鲁诺·陶特的研究，在国内外获得很多奖项。

弗朗茨·雅施克（Franz Jaschke）硕士工程师，DWB建筑师，1955年出生于北莱因－威斯特法伦的梅舍德，1975年在柏林（克罗伊茨山）定居。他于1981年在柏林技术大学获得建筑文凭（气候意识的构建）。自1983年以来，他一直与温弗里德·布伦内在不同的系列事情上合作。他于2001年创立BRENNE有限公司，与委员会共同修复由汉内斯·迈耶和汉斯·维特韦尔设计的贝尔瑙全德工会联合会（ADGB）的前联邦学校（该项目荣获2008年的世界文化遗产基金会/诺尔现代主义奖，等等）。在这些项目中，他一直负责在达莱维茨的布鲁诺·陶特住宅、柏林前德国国会总统府、夏洛腾堡宫新翼的修复、柏林潘科地区一个生态住宅的试点项目以及关于生命周期评价和环境报告的研究项目。他是"国际现代建筑运动文献与对话组织"德国的创始成员之一，属于柏林德意志制造联盟（或译"德意志工艺联盟"）。

立面和学校建筑本身——黄色面砖和刷新的清水混凝土结构构件，连同时间留下的使用痕迹，就这么显露出来以便重树历史高度。

住宅建筑内部空间布局没有发生变化，当然，虽然不得不考虑学员今天的住宿标准有别于80年前。每个房间里都装上自己的小淋浴室，而不是原来每两个卧室一个洗脸盆以及每个走廊共用一个浴室。

房间和走廊用汉内斯·迈耶开发的彩色代码方案装饰，这样今天的居住者可以再次确定方向并通过红、黄、绿、蓝房子来标识自己。虽然室内原有装饰和颜色有些斑驳，但是全面重建是有可能的，因为在踢脚板背后和类似的地方发现壁纸和颜色罩面漆的遗迹。

可能出于原来窗户状态不佳以及节能考虑，我们发现住宅建筑在东德时期都安装上了木制双平开窗。在我们的设计中，这些木窗被塑钢窗替换，因为根据一些仍然在用的原有窗户才可能重建真实历史格局。在2002年到2006年的改建期间，针对这种情况的隔热型材当时在市场上还无法获得，如其中有一些还正处在开发阶段，不久的将来才能投入批量生产。

由于原有窗户没有保温措施，窗户及上方的固体混凝土过梁存在冷桥，所以现在的窗

图7 ［186页］玻璃顶棚及其优雅的支撑为整修后的餐厅提供了光线，并营造了轻松的氛围

图8 重建后学生公寓的塑钢窗：每个窗口提供一个救生锤，可以免除第二个逃生路线的强制性设置

学生宿舍墙和窗户的剖面图
窗过梁的内部保温衬垫以及新塑钢窗的双层玻璃显著提高建筑节能

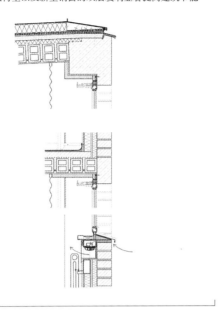

户都在需要的地方安装双层玻璃和内部保温。此外，设计一个简单的通风作为补偿，通过浴室排气扇减少过多的湿气，不然湿气可能会在这些领域形成冷凝水。

　　原有建筑的敏感部位，如食堂屋顶大面积的玻璃区域以及玻璃砖造成的热损失，均通过细部构造上有效的措施给予更显著的能量平衡。这种措施同样适用于体育馆仍在用的原始滑升门，它可以从其较长的一边完全打开。原来的固定装置也尽可能保留下来，并在内侧安装上新的玻璃以满足能量和安全要求。

　　该建筑一大特色是，材料最初的选择和标准极高的工艺必须考虑以今天的标准实施。例子有限，但从设计的角度来看极其重要，铜屋顶边缘和铜防水板，尽管已有80多年的历史，清洁过后仍然可以保留下来，这是可持续发展一个很好的例子，因为它们能够在其生命周期内持续更长时间。

III

名为"战后现代主义建筑能源和历史古迹"的席勒公园群落住宅发展项目（位于柏林婚礼区综合项目）能源效率和品质改进

　　从1955年到1959年，汉斯·霍夫曼在柏林婚礼区的考克街头、都柏林街头与霍兰德街头之间为1892年的柏林建筑和住房合作社建了五排四层平屋顶房子。连同布鲁诺·陶特在1924年至1930年间建的住宅，自2008年以来成为联合国教科文组织世界文化遗产，它们形成标志性的席勒公园群落房地产。

　　地板到顶棚通高的带阳台外墙面、双窗格、主客厅和阳台之间的"花格"窗是典型的霍夫曼特征，也树立了20世纪50年代保障性住房的新标杆。目标在于增加采光和舒适度，在内部空间和自然环境之间创造宽敞的连接。两间半房的公寓布局功能性极强。暖气片位于建筑中心，因此非常经济。

　　大楼清晰的结构与均衡的比例反映出第二次世界大战后在材料使用上的资源节省；这个特点在饰面材料刻意限制使用范围上就能看出来。虽然50余年后，霍夫曼建筑出现磨损迹象，但并不严重，依然表现出设计和施工的高品质。鉴于目前的节能标准，整修主要集中在根据现代技术和节能标准，来提高建筑围护结构的保温隔热和服务设施升级。实现这些目标不能有损这些霍夫曼建筑的建筑质量，因为它们是柏林战后现代主义的重要实例。

　　一方面为了寻找一个合适的、整合的解决方案，以满足物质和结构改进的不同需要，另一方面要保护历史建筑的物质实体。选中这些霍夫曼建筑作为模型，来进行由德国联邦基金会环境（DBU）资金赞助的"历史建筑与后现代主义能源"研究项目。[2]

　　为了整修需要，我们对大楼进行详细调查。在我们研究项目合作伙伴的支持下，我们

图9　通往体育馆楼座的阶梯：窗户的开窗带可以像蝴蝶的翅膀一样向外打开

图10　整修前学生宿舍铜屋顶上的挡水板

图11　整修后：尽管挡水板有80年的历史，但安装工艺品质高，所以保留原有材料；只需要机械清洗

仔细分析既有建筑材料的热性能，使用温度记录从节能的角度来检测薄弱区域，并利用计算机模拟方法确定房间的舒适度和空气流动的模式，同时考虑窗户设计和暖气片的位置。分析

显示暖气片位于建筑物深处的位置具有非常积极的影响，建筑的热损失主要通过外墙空心芯块、悬臂阳台楼板和保温不良的窗面，以及过时的加热装置。

加热系统改为区域供热、更换暖气片和加热管有着明显的节能效果。为了外墙保温能跟上标志性建筑的要求，我们选择酚醛树脂发泡的夹层保温系统，相对薄的材料层就能达到良好的隔热值。比起传统的虽然便宜，但遇热就出问题的聚苯乙烯，这种材料在火灾的情况下不会引起任何问题。对于其他地方的立面，例如山墙端部，可以考虑使用较厚的、更经济的保温材料。LEGEP软件程序对于替代方案的评估是一个非常有用的工具，它可以用来评估商业可行性与可持续性参数。

传统的矿物打底涂层可以产生非常类似于原有表面的光洁感，而且使用寿命更长。相比之下，合成树脂的打底涂层虽然薄且成本低，但容易受到藻类和真菌的攻击，一旦生物防腐剂渗滤，就对材料的寿命周期有负面效应。一旦遭遇拆除，使用这种薄的粉刷就意味着保温和打底涂层将不得不按照危险废物处置。从历史建筑保护的角度来看，地板到顶棚、双窗格和"花格窗"都是霍夫曼建筑的特色建筑构件。我们认为通过去除内部玻璃来增加建筑面积的做法，正如客户在不同场合曾建议的，从建筑物理学的角

度来看可能会导致问题，而且不符合保护标准。此外还有一个事实就是当建筑仍在使用时，这样的改造工作更难开展。

"花格窗"作为缓冲地带对节约能源非常有用，因为经过阳台板的热桥，热损失会大大减少。窗玻璃之间的大空隙对内部气候产生积极的影响，它支持机械通风的概念：通过烟囱抽气会引起公寓负压，反过来导致外部新鲜空气借助"花格窗"的通风插槽吸进。这个吸进的空气自然而然加热窗玻璃之间的大空隙。

另一个设计特点是楼梯间的玻璃窗。目的是通过安装第二个双层玻璃，提升既有钢结构的保温隔热性能。既有钢结构的型材非常纤细，需要额外的内部加固。另一种做法是用隔热型铝合金框架结构完全重建原有单元；但这意味着不同几何形状、宽得多的型材的使用，将失去既有窗玻璃大部分的透明效果。

该项目目前正处于设计阶段，计划于2011年施工；因此，我们还没有任何测量节能数据。我们打算在这里讨论更广泛的设计理念，考虑把它的可变因素作为优化解决方案的一种手段，在成本和环境影响之间找到平衡。

超过25年的评估期间，各种选项在潜在的环境污染方面并没有显示出显著差异，主要因为建筑还在持续使用，受制造和维护成本的影响程度很小。

从最初投资角度来看节能措施，出租的住房出现一个相当惊人的事实：节能的主要受益者是租户，而不是所有者或投资者。话虽如此，任何节能减排的改善，最终受益的是环境，我们所有的人也因此受益。

1. 我们有机会选择自己的设计团队纯属偶然。随着德国太阳能技术研究中心的建设服务，哈夫坎努·基希纳（Halfkannu Kirchner）是消防安全专家而皮希勒·英格尼热（Pichler Ingenieure）负责结构工程及建筑物理，无论是竞赛和随后的执行，我们都能够选择我们理想的团队。

2. 该项目目标是对大量比较性住宅发展项目的建筑施工研究成果进行编制、评估和记录。该项目的科学支持是由韦勒博士教授在德累斯顿技术大学负责的研究小组提供，而多学科设计团队的负责人是温弗里德·布伦内建筑师。还有一个在历史性建筑改建方面有经验的小型窗户制作公司介入，以促进建立创新工艺为基础的产品解决方案。

图12 ［186页］席勒公园群落项目开发的建筑立面特点是敞廊和阳台的不寻常组合。同时，房间的窗玻璃似乎一直延伸到阳台

图13 花窗是霍夫曼设计房屋的特征构件，用作热缓冲区以提高室内环境

一般文献与专著

Bone-Winkel, Stephan: "Projektentwicklung im Bestand". In: Architekten- und Stadtplanerkammer Hessen (ed.): Planen im Bestand. Bauen für die Zukunft. Wiesbaden 2005. pp. 58–75.

Breitling, Stefan/Cramer, Johannes: Architektur im Bestand. Planung, Entwurf, Ausführung. Basel 2007.

von Buttlar, Adrian/Heuter, Christoph (eds.): Denkmal Moderne: Architektur der 60er Jahre – Wiederentdeckung einer Epoche. Berlin 2007.

Dal Co, Francesco/Mazzariol, Giuseppe: Carlo Scarpa: The Complete Works. 2002.

Drexel, Thomas: Faszination Bauernhaus: Renovieren—Umbauen—Erweitern. Munich 2009.

Ebbert, Thiemo: Re-Face. Refurbishment Strategies for the Technical Improvement of Office Façades. TU Delft Architecture, Dissertation 2010.

Gebhard, Helmut/Sauerländer, Willibald (eds.): Feindbild Geschichte. Positionen der Architektur und Kunst im 20. Jahrhundert. Göttingen 2007.

Grube, Hans Achim (ed.): New Power, Elektropolis im Wandel. Berlin 2006.

Harlfinger, Thomas/Richter, Dirk: "Objektentwicklung von Bestandsimmobilien. Potenzialbestimmende Faktoren." In: LACER 9/2004. pp. 77–84.

Heinemann, Andrea/Zieher, Heike: Bunker update. Vorschläge zum heutigen Umgang mit Bunkern in innerstädtischen Lagen. Dortmund 2008.

Jester, Katharina/Schneider, Enno: Weiterbauen. Berlin 2002.

Klanten, Robert/Feireiss, Lukas (eds.): Build-On. Converted Architecture and Transformed Buildings. Berlin 2009.

Klostermeier, Collin/Wieckhorst, Thomas: Umbauen, Sanieren, Restaurieren. 28 Gebäude aus 8 Jahrhunderten. Gütersloh 2006.

Los, Sergio: Scarpa, Cologne 2009.

Portrait Hans Döllgast, in: Nerdinger, Winfried (ed.): Süddeutsche Bautradition im 20. Jahrhundert. Architekten der Bayerischen Akademie der Schönen Künste, exhibition catalog. Munich 1985. pp. 251–290.

Noever, Peter (ed.): Carlo Scarpa. Das Handwerk der Architektur/The Craft of Architecture, MAK exhibition catalog. Ostfildern-Ruit 2003.

O'Kelly, Emma/Dean, Corina: Conversions. London 2007.

Pehnt, Wolfgang: Karljosef Schattner: Ein Architekt aus Eichstätt. Ostfildern 1988/1999.

Pehnt, Wolfgang: "Amnesie statt Anamnese. Über Rekonstruktion, Reproduktion, Remakes und Retro-Kultur." In: DAM Jahrbuch 2004. Architektur in Deutschland. Munich 2004.

Pehnt, Wolfgang: "Dem Bau zu sich selbst verhelfen. Burg Rothenfels und die interpretierende Denkmalpflege." In: Ingrid Scheuermann (ed.): ZeitSchichten. Erkennen und Erhalten—Denkmalpflege in Deutschland. Catalog Residenzschloss Dresden. Munich/Berlin 2005. pp. 124 ff.

Powell, Kenneth: Architecture Reborn: The Conversion and Reconstruction of Old Buildings (Masterpieces of Architecture). London 2005.

Prudon, Theodore H. M.: Preservation of Modern Architecture. Hoboken 2008.

Ringel, Johannes/Bohn, Thomas/Harlfinger, Thomas: "Objektentwicklung im Bestand—aktive Stadtentwicklung und Potentiale für die Immobilienwirtschaft!?" In: Zeitschrift für Immobilienwirtschaft 1/2004. Cologne 2004. pp. 45–52.

Santifaller, Enrico (ed.): Transform. Zur Revitalisierung von Immobilien, The Revitalisation of Buildings. Munich/Berlin/London/New York 2008.

Schattner, Karljosef: Karljosef Schattner: Ein Führer zu seinen Bauten. Munich 1998.

Schittich, Christian: Bauen im Bestand. Umnutzung, Ergänzung, Neuschöpfung. Basel 2003.

Thiébaut, Pierre: Old buildings looking for new use. 61 examples of regional architecture between tradition and modernity. Stuttgart/London 2007.

TU Munich (ed.): Hans Döllgast 1891–1974, exhibition catalog. Munich 1987.

Waiz, Susanne: Auf Gebautem bauen. Im Dialog mit historischer Bausubstanz. Eine Recherche in Südtirol. Vienna/Bolzano 2005.

Wehdorn, Jessica: Kirchenbauten profan genutzt. Der Baubestand in Österreich. Vienna/Bolzano 2006.

Weidinger, Hans: Einfamilienhäuser von 1960–1980 modernisieren. Renovieren–Anbauen–Umbauen–Aufstocken. Munich 2003.

Wüstenrot Stiftung (ed.): Umbau im Bestand. Stuttgart/Zurich 2008.

期刊

B+B. Bauen im Bestand. Cologne.

Internationale Zeitschrift für Bauinstandsetzen und Baudenkmalpflege. Freiburg.

Metamorphose. Bauen im Bestand. Leinfelden-Echterdingen.

Detail – Review of Architecture + Construction Details. Institut für internationale Architektur-Dokumentation. Munich.

本书作者的部分著作

Brenne, Winfried: "Practical Experience with the buildings of the Avant-garde in Berlin and East Germany." In: Haspel, Jörg/Petzet, Michael et al. (eds.): Heritage at risk—The Soviet Heritage and European Modernism. Berlin 2007. pp. 146–150.

Brenne, Winfried: Bruno Taut—Meister des farbigen Bauens in Berlin, ed. by Deutscher Werkbund Berlin. Berlin 2005/2007.

Brenne, Winfried: "Work experience with buildings of the modern movement." In: Kudryavtsev, Alexander (ed.): Heritage at risk—Preservation of the 20th century architecture and world heritage. Moscow 2006. pp. 43–44.

Brenne, Winfried: "Die Revitalisierung eines Denkmals." In: Das Berliner Zeughaus—vom Waffenarsenal zum Deutschen historischen Museum, ed. by Ulrike Kretzschmar. Munich, Berlin, London, New York 2006. pp. 98–105.

Brenne, Winfried: "Instandsetzungsplanung zwischen Erhaltung, Reparatur und Neubau." In: Wüstenrot Stiftung Ludwigsburg (ed.): Meisterhaus Muche/Schlemmer—Die Geschichte einer Instandsetzung. Stuttgart 2003. pp. 111–133.

Brenne, Winfried: "L'edilizia residenziale di Bruno Taut. Conservazione e recupero dell'architettura del colore." In: Nerdinger, Winfried/Speidel, Manfred/Hartmann, Kristiana/Schirren, Matthias (eds.): Bruno Taut 1880–1938. Milan 2001. pp. 275–289.

Brenne, Winfried: "Die 'farbige Stadt' und die farbige Siedlung—Siedlungen von Bruno Taut und Otto Rudolf Salvisberg in Deutschland." In: Mineralfarben—Beiträge zur Geschichte und Restaurierung von Fassadenmalereien und Anstrichen. publication of the Institute for Historic Building Research and Conservation at the Swiss Federal Institute of Technology (ETH) Zurich, volume 19. Zurich 1998. pp. 67–78.

Brenne, Winfried/Pitz, Helge: Siedlung Onkel Tom—Einfamilienreihenhäuser 1929. Die Bauwerke und Kunstdenkmäler von Berlin, supplement 1, ed. by Senator for Building and Housing, State Conservator. Berlin 1980 (new edition 1998).

Brenne, Winfried: "Die intelligente Farbe – Mit Farbe bauen." In: Speidel, Manfred (ed.): Bruno Taut—Natur und Fantasie 1880–1938. Berlin 1995. pp. 228–231.

Hempel, Rainer: "Historische Tragwerke: Zisterzienserkloster Walkenried." In: Fakultät für Architektur der Fachhochschule Köln (ed.): Baudenkmalpflege in Lehre und Forschung, Festschrift für Prof. Dr.-Ing. J. Eberhardt der FH Köln. Cologne 2003. pp. 42–48.

Hempel, Rainer: "Statisch-konstruktiver Brandschutz im Bestand." In: VdS-Fachtagung Brandschutz, Grenzen des Brandschutzes, Tagungsband VdS. Cologne 2004.

Hempel, Rainer: "Projekt Revitalisierung Verwaltungsgebäude Dorma GmbH & Co. KG Ennepetal" (in cooperation with KSP Engel u. Zimmermann architects, Cologne). In: Der Baumeister 10/2004, Stahlbau 09/2004; Bauen mit Stahl 2005; Die Neuen Architekturführer Nr. 65. Berlin 2005.

Jäger, Frank Peter: Neues Quartier Vulkan Köln—Leben und Arbeiten im Industriedenkmal. Berlin 2007.

Jaschke, Franz/Brenne, Winfried: "Die Sanierung von Siedlungsbauten der klassischen Moderne—Langzeiterfahrung und Know-how eines Berliner Architekturbüros." In: Die Siedlung Freie Scholle in Trebbin, ed. by Raimund Fein/Lars Scharnholz. Cottbus 2002. pp. 37–43

Pottgiesser, Uta: Fassadenschichtungen—Glas. Mehrschalige Glaskonstruktionen: Typologie, Energie, Konstruktionen, Projektbeispiele. Berlin 2004.

Pottgiesser, Uta: "Revitalisation Strategies for Modern Glass Facades of the 20th century." In: Proceedings STREMAH 2009. Eleventh International Conference on Structural Studies, Repairs and Maintenance of Heritage Architecture. Southampton 2009.

Rexroth, Susanne: "Photovoltaik im historischen Bestand." In: Gebäudeintegrierte Photovoltaik, conference proceedings from OTTI orientation seminar, March 2009. pp. 99–104.

Rexroth, Susanne: "Alte Hülle—zeitgemäße Energiebilanz." In: archplus 184, 10/2007. pp. 98 f.

Rexroth, Susanne: "Atmosphären—subjektiv und objektiv: Maßnahmen und Techniken zur Energieeinsparung an Baudenkmalen." In: Energieeffiziente Sanierung von Baudenkmalen und Nichtwohngebäuden, conference proceedings. Institute for Building Construction at TU Dresden. Dresden 2007. pp. 45–52.

所述项目和建筑师事务所的部分文献

Mineralogical Collection in Castle Freudenstein/AFF Architekten:
AFF Architekten: Teile zum Ganzen/An Aggregate Body. Schloss Freudenstein. Tübingen/Berlin 2009.

Würzburg Cogeneration Plant/Brückner & Brückner:
Santifaller, Enrico (ed.): Stadtraum und Energie. Heizkraftwerk Würzburg. Passau 2009.

Chesa Albertini/Hans-Jörg Ruch Architektur:
Ruch, Hans-Jörg: Historische Häuser im Engadin. Architektonische Interventionen. Zurich 2009.

Blumen Primary School and Bernhard Rose School/huber staudt architects bda:
Detail 9/2009, pp. 894–901.
Metamorphose. Bauen im Bestand, 03/08, pp. 52 ff.

Cafeteria in the Zeughaus Ruin/Kassel Building Department, Prof. Hans-Joachim Neukäter:
Krüger, Boris/Müller, Volker: Das Zeughaus in Kassel. Bilder aus seiner Geschichte. Kassel 2004.

Pier Arts Centre/Reiach and Hall Architects:
Reiach and Hall Architects: The Pier Arts Centre Stromness Orkney. Edinburgh 2007.

Public Library in Ebracher Hof/Bruno Fioretti Marquez Architekten:
Kleefisch-Jobs, Ursula: "Stadtbücherei im Ebracher Hof." In: Peter Cachola Schmal (ed.): Deutsches Architektur Jahrbuch, German architecture annual 2008/2009. Munich 2009.

Rose am Lend/Innocad Architekten:
Ruby, Andreas/Ruby, Ilka (eds.): Von Menschen und Häusern. Architektur aus der Steiermark. Graz-Styria architectural yearbook 2008/2009. Graz 2009.

建筑师网站

访谈录：
www.meixner-schlueter-wendt.de
www.architektenbrueckner.de
加法：
www.architektenbrueckner.de
www.reiachandhall.co.uk
www.sunder-plassmann.com
www.peterkulka.de
www.search-arch.ch
www.luederwaldt-architekten.de
www.innocad.at
www.rkw-as.de
www.numrich-albrecht.de
www.architektenbrueckner.de
变形：
www.ruch-arch.ch
www.andotadao.org
www.broadwaymalyan.com
www.bolwinwulf.de
www.coastoffice.de
www.adrianstreich.ch
www.karo-architekten.de
www.hhf.ch
www.huberstaudtarchitekten.de
www.heinlewischerpartner.de
www.numrich-albrecht.de
www.schneider-schumacher.de
转换：
www.kokoarch.com
www.op-architekten.com
www.anderhalten.com
www.lin-a.com
www.duncanmccauley.com
www.merkx-girod.nl
www.bfm-architekten.de
www.aff-architekten.com

图片来源

p. 7	Walter Nauerschnig, Berlin [1]
p. 8	Haydar Koyupinar, Bayerische Staatsgemäldesammlungen [2]; Jens Willebrand, Cologne [3, 4]; Jeroen Musch, Rotterdam [5]
p. 9	Stiftung Preußischer Kulturbesitz/David Chipperfield Architects, Jörg von Bruchhausen, Berlin [6]; Andrea Wandel, Wandel Höfer Lorch Architekten + Stadtplaner, Saarbrücken [7]; Monika Marasz, Detmold [8]
pp. 12, 13	Christoph Kraneburg, Cologne [1, 2, 3]
p. 15	Constantin Meyer, Cologne
p. 17	Heizkraftwerk Würzburg GmbH [1]; Pier Arts Centre [2]; Verein Zeughaus Kassel e.V./Werner Lengemann [3]; Museum Kunst der Westküste, Alkersum [4]; SeARCH [6]; Innocad Architekten, Graz [8]; RKW Architektur + Städtebau, Leipzig [9]
pp. 18–20	Constantin Meyer, Cologne
p. 22	Reiach and Hall Architects
p. 23	Gavin Fraser/ FOTO-MA [2]; Ioana Marinescu [3, 4]
p. 24	Alistair Peebles, Pier Arts Centre
p. 25	Alistair Peebles, Pier Arts Centre [6]; Gavin Fraser/FOTO-MA [7]; Reiach and Hall Architects [8]; Ioana Marinescu [9]
p. 26	Reiach and Hall Architects
p. 27	Ioana Marinescu [10, 12]; Alistair Peebles, Pier Arts Centre [11]
pp. 28–30	Constantin Meyer, Cologne
p. 29	Max-Eyth-Schule/Verein Zeughaus Kassel e.V./Werner Lengemann [2]; Christian Lemke, Kassel [3]
pp. 32–37	Frank Grießhammer, The Hague
pp. 38–40	Jörg Schöner, Dresden
p. 41	Peter Kulka Architektur
pp. 42–44	Christian Richters
p. 45	SeARCH
pp. 46, 48, 49	Lukas Roth, Cologne
p. 47	Lüderwaldt Architekten
pp. 50, 52	© paul ott photografiert
p. 51	Innocad Architekten, Graz
pp. 54, 55	Industrieterrains Düsseldorf-Reisholz AG/Dr. Pröpper [1, 2, 3]
pp. 55, 56	RKW Architektur + Städtebau [4, 5, 6, 7]
p. 57	RKW Architektur + Städtebau [8, 9, 10]; Gunter Binsack, Leipzig [11]
pp. 58–61	Gunter Binsack, Leipzig
pp. 62–65	Filippo Simonetti, Brunate
p. 67	huber staudt architekten bda, Berlin [9]; tadao ando architect & associates [1]; Broadway Malyan [2]; COAST office architecture [4]; KARO* Architekten, Leipzig [6]; Peter Affentranger Architekt [8]; Adrian Streich Architekten [5]; Bolwin Wulf Architekten, Berlin [3]; Gottfried Planck, Universitätsbauamt Stuttgart and Hohenheim [10]; HICOG (High Commissioner Germany) [12]; Numrich Albrecht Klumpp Architekten/IGZ Großbeeren [11]; HHF Architekten [7]
pp. 68–71	Andrea Jemolo [1, 2, 3, 4, 5]; Alessandra Chemollo, Palazzo Grassi [6]
pp. 72, 73, 75	Fernando Guerra, Lissabon
p. 74	Broadway Malyan
pp. 76–79	Rolf Sturm, Landshut
pp. 80–83	David Franck Photographie
pp. 84–86	Roger Frei, Zurich
p. 85	Adrian Streich Architekten [3]
pp. 88–90	Anja Schlamann, Cologne/Leipzig
p. 90	KARO* Architekten [3]
pp. 92–94	Tom Bisig, Basel
p. 93	HHF Architekten
pp. 95–97	Peter Affentranger Architekt
pp. 98–100	Werner Huthmacher, Berlin
pp. 102–107	Werner Huthmacher, Berlin [1]; huber staudt architekten bda, Berlin [2, 3]; Michael van Ooyen, Straelen [4]; Klaus Legner, Moers [5, 9]; Jens Willebrand, Cologne [6, 7]; Brigida González [8]
pp. 108–110	Brigida González
p. 109	Jogi Hild Fotografie [4]
p. 111	Heinle, Wischer und Partner
pp. 112–115	Nina Straßgütl
p. 114	Numrich Albrecht Klumpp Architekten
pp. 116, 118	Jörg Hempel Photodesign, Aachen
p. 117	HICOG (High Commissioner Germany)
p. 119	Martin Brück 2009, Stiftung Bauhaus Dessau [1]; Uta Pottgiesser [2]
p. 120	Uta Pottgiesser [3]; Wolfgang Nigescher [4]
p. 123	Stefan Müller, Berlin [5]; Uta Pottgiesser [6]
p. 124	Martin Brück 2009, Stiftung Bauhaus Dessau [1]; Stefan Müller, Berlin [5]
pp. 125, 126	Kai Oswald Seidler [7]; Julia Jungfer, Berlin [10]; Frank Peter Jäger [11]
p. 126	Uta Pottgiesser [8]; Tchoban Voss Architekten [9]
pp. 127, 128	H. G. Esch, Hennef [12, 13]
pp. 128, 129	HPP Architekten [14]; Uta Pottgiesser [15, 16]
p. 131	Ursula Böhmer, Berlin [4]; Kaido Haagen [1]; Merkx + Girod Architecten [7]; LIN Finn Geipel + Giulia Andi [5]; Bruno Fioretti Marquez Architekten [9]; Numrich Albrecht Klumpp Architekten [3]; OP Architekten [2]; Brückner & Brückner Architekten [8]; Duncan McCauley [6]
pp. 132, 133	Arne Maasik [1, 2, 3]; Kaido Haagen [4]
p. 135	Fred Laur [5, 8, 9]; Kaido Haagen [6]; Vallo Kruser [7]
p. 136	Ula Tarasiewicz, OP Architekten
pp. 138, 139	Wojciech Popławski [2]; Wallphotex, OP Architekten [3, 4, 5, 6, 7]
pp. 143–144	Hempel & Partner Ingenieure, Cologne
pp. 146–147	Hempel & Partner Ingenieure, Cologne
pp. 145, 146	Architekten Kleineberg & Pohl, Braunschweig [section/plan]
pp. 148, 149, 151	Werner Huthmacher, Berlin
p. 150	Numrich Albrecht Klumpp Architekten
pp. 152, 153	Ursula Böhmer, Berlin
pp. 154, 155	Werner Huthmacher, Berlin [2, 3, 4, 6]; Ursula Böhmer, Berlin [5]
pp. 156, 157	Christian Richters [1, 4]; Hans-Michael Földeak, LIN [2]; Jan-Oliver Kunze, LIN [3]
p. 159	Jan-Oliver Kunze, LIN [5]; Christian Richters [6, 7]
p. 160	Christian Richters [8, 9, 10]
pp. 161–163	Jan Bitter, Berlin
pp. 164, 166, 167	Roos Aldershoff Fotografie
pp. 168, 169, 171	Peter Manev, Selb
pp. 172, 174–177	Annette Kisling, Berlin [1, 2, 3, 7, 9]; Christoph Rokitta, Berlin [4, 6, 10]; City of Schweinfurt [5]
pp. 178, 180, 181	Sven Fröhlich, AFF Architekten
pp. 183–188	Holger Herschel, Berlin [1, 2, 4, 5, 6, 7, 8]; Winfried Brenne Architekten [3, 9, 10, 11, 12, 13]

编者

弗兰克·彼得·耶格尔

弗兰克·彼得·耶格尔对城市、城市景观和其中建筑的迷恋可追溯到他的童年。初期印象源于20世纪60年代住宅开发时期单调的联排式住宅、无数的多层建筑，以及沿着莱茵河褐煤土地带的工厂和发电厂的巨大贝壳砖；外加背景的淡蓝色——科隆大教堂哥特山。这种早期涌现的想要把过去有价值的建筑与未来的相融合的渴望，最终导致既有建筑改造设计的主题。

硕士工程师。弗兰克·彼得·耶格尔是建筑师的公关和公共关系顾问，也是大学讲师，为包括地方建筑师会等机构提供继续教育课程。他在勃兰登堡的FAZ新闻报纸接受记者训练；从那时起，为各种日报和行业媒体撰写建筑评论。同时，他制作了一些书籍，其中包括《Dorotheenhöfe》、一本奥斯瓦尔德·马蒂亚斯·翁格尔斯在柏林工作的"咖啡桌图书"。耶格尔熟悉的一个主题是关于建筑师和规划师的专业实践，他的建筑师公关指南《令人讨厌的建筑》出现于2004年，并于2008年由他主编出版《新建筑师——变化市场下的成功》。弗兰克·彼得·耶格尔现住在柏林，有个六岁的儿子。

www.archikontext.de/jaeger@archikontext.de

项目介绍作者

胡贝图斯·亚当
（Hubertus Adam）

胡贝图斯·亚当于1965年出生在汉诺威，在海德堡学习考古、艺术史、哲学。自1992年以来，他一直担任艺术和建筑的自由历史学家，并为各种杂志和报纸，包括《新苏黎世报》担任建筑评论家。1998年移居瑞士，在那里他是《archithese》杂志的编辑。此外，他还担任评委、主持人和策展人。获得2004年建筑教育艺术节的书籍贡献瑞士艺术奖。

安内克·伯克思
（Anneke Bokern）

安内克·伯克思出生于1971年，在柏林学习艺术史。自2000年以来，她一直住在阿姆斯特丹，作为一个自由撰稿人从事建筑和设计写作。她的文章曾刊登在《Bauwelt》、《Baumeister》、《db》、《Metamorphose》、《design report》、《NZZ》、《Frame》、《Mark and DAMn》等杂志。

www.anneke-bokern.de

克劳迪娅·希尔德纳
（Claudlia Hildner）

克劳迪娅·希尔德纳在慕尼黑和东京学习建筑。随后在《Baumeister》杂志实习；自2007年以来，她一直作为自由撰稿人和编辑服务于各种建筑杂志和出版商。她的重点研究领域是既有结构中的建筑和日本。

西蒙内·容
（Simone Jung）

西蒙内·容于1978年出生在黑森。经过商业职业培训，她在美因茨学习新闻学、社会学以及艺术史。她的实践经验主要集中在文化和媒体领域（包括N24, Deutsche Welle、De-Bug、Frankfurter Allgemeine、Sonntagszeitung、taz）。她现居住在柏林，是一名从事撰写关于文化和社会的自由撰稿人。

弗兰克·维特尔
（Frank Vettel）

弗兰克·维特尔出生于1964年，在达姆施塔特研究建筑和城市设计。自1992年以来，他先后在柏林各种建筑师事务所工作。1998年，他在建筑施工实习后通过第二阶段国家局考试。自1998年以来，他被柏林-弗里德里希市镇区聘用，并于2003年出任建筑施工总监，2007年出任设施管理主任。参赛作品包括柏林博物馆（与斯特凡·福斯特合作）。

文本来源

这些项目的描述由编辑（FPJ）提供，或在相应文本的开头署名作者。下列项目的文本基于相应建筑师事务所的文字说明，由编辑修改和订正：

[28页] 柏林军械库遗址上的自助餐厅，卡塞尔建筑主管部门/汉斯－约阿希姆·诺伊克费尔

[38页] 小城堡的屋顶，彼得·库尔卡建筑师事务所

[76页] 贝希特斯加登国家储蓄所，博尔温·伍尔夫建筑师事务所

[80页] 魏恩施塔特市政厅——海岸办公建筑

[84页] 赫瑞德住宅，阿德里安·施特赖希建筑师事务所

[95页] 达格默塞伦学校，彼得·阿芬特兰格建筑师事务所

[116页] 西斯迈耶大街办公楼，施耐德+舒马赫

[152页] 维尔道实验室大楼，安德尔哈尔滕建筑师事务所

[156页] 蜂窝14号文化中心，LIN、芬·盖佩尔+朱莉娅·安迪

致谢

没有这些项目设计与建造者的大力支持，本书无法顺利出版。因此，要感谢汉斯－约阿希姆·诺伊克费尔教授和市政建设部门——以及所有为本书提供和准备项目材料的建筑师事务所。

克劳迪娅·迈克斯纳、弗洛里安·施吕特尔，以及彼得和克里斯蒂安·布吕克纳兄弟能够接受我的采访，让我非常高兴。

这本书的所有12位共同作者投入了大量的热情和精力。感谢所有人，尤其是莱纳汉帛（Rainer Henpel）教授准备了项目的平面图与剖面图，以满足我们的排版需要。教授乌塔·波特吉赛尔博士与应用科学东威斯特法伦州大学的朱莉娅·基尔希所给予的帮助远远超出预想，包括来自其同事路易莎·科雷亚的"里斯本研究"。西蒙内·容和特奥多拉·瓦西列娃在进行复杂的研究和采购材料方面同样做出了杰出贡献。

译后记

2008年春，我考入同济大学建筑学与城市规划学院，开启了上海近代工业建筑保护和再利用的学习和研究之路。那时候学术界还在为保护什么，谁能上保护建筑名单而据理力争，旧建筑改造和再利用只是停留在民间各种自发的零星尝试中。事隔多年，该领域的研究有了很大的发展，该类型的实践项目也越来越多。无论是标志性建筑的保护和再利用，还是大量旧建筑及其历史地段的改造和更新，不仅需要理论支持，更需要优秀案例的经验参考。本书所选的项目丰富多样，许多来自预算有限的小型工作室，具有很强的现实参考意义。对我个人而言，承担这样的翻译工作也是一个学习的过程，我深感责任重大。

本书在翻译工作中得到了上海建桥学院外国语学院英语系刘燕老师的大力支持，在这里深表谢意；还要感谢杨辉柱、张宁先生以及施丽彦、郑可佳女士在翻译过程中所给予的热心帮助；另外，特别感谢程羿女士对我的信任和鼓励；最后是我的先生亢智毅，没有他的付出和耐心，一切很难如此顺利。由于敝人才疏学浅，时间仓促，译文中诸多不当和错漏之处，还请读者不吝指正。

译者

2016年10月